100張圖搞懂 5G/6G產業鏈

「技術、運用、廠商」，全面解析

江達威 ──── 著

CONTENTS 目錄

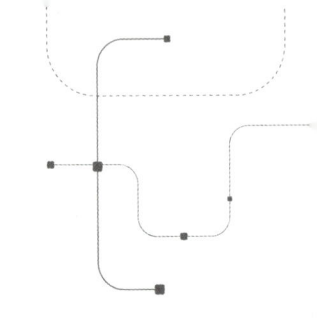

序言   9

CHAPTER 1
從 1G 到 6G 的淵源脈絡   12

01.	為何稱為第六代行動通訊？	14
02.	行動通訊的「世代別」何時開始？	16
03.	通訊世代劃分是分明的嗎？	18
04.	行動通訊世代標準由誰制訂？	20
05.	第三代為何要升級到第四代？	22
06.	第四代與 LTE 是何關係？	24
07.	強化室內通訊 LTE-Hi、推擠固接寬頻 LTE Home	26
08.	試圖取代地面電視站的 LTE-B (eMBMS)	28
09.	巧運 Wi-Fi 傳輸的 LTE-H、挪借 Wi-Fi 頻譜的 LTE-U	30
10.	鄰近方位性服務的 LTE Direct	32
11.	跨入物聯網的 LTE-M2M (MTC)	34
12.	第四代為何要升級到第五代？	36
13.	第五代展開三角價值主張	38
14.	第六代將從三角到多角	40
15.	為 B5G、Pre-6G 作好準備	42

CHAPTER 2
6G 技術標準進度與走向   *44*

16.	IMT-2030 設定 6G 情境與能力	*46*
17.	6G 估計以 Phase 之名分兩階段實現	*48*
18.	為引導 6G 願景 NGA、NGMN 等多家新聯盟成立	*50*
19.	加強裝置直接互連的側鏈（Sidelink）技術	*52*
20.	非地面網路（NTN）高掛基地台	*54*
21.	高空平台（HAPS）新興基地台高掛法	*56*
22.	盡力滿足 6G 低延遲的低軌衛星（LEO）	*58*
23.	太赫茲（THz）等級的頻譜運用	*60*
24.	可重構智慧表面（RIS）輔佐 6G 基地台	*62*
25.	基地台雷達化的感測與通訊整合（ISAC）	*64*
26.	可見光通訊（VLC）、太空雷射通訊（LCS）	*66*
27.	人工智慧物聯網（AIoT）、邊緣人工智慧（Edge AI）	*68*
28.	引入區塊鏈（Blockchain）、分散式帳本（DLT）技術	*70*
29.	後量子密碼（PQC）、量子金鑰分發（QKD）	*72*
30.	別驚訝！7G 已進入討論階段	*74*

CHAPTER 3
6G 未來願景與全向應用   *76*

31.	沈浸式體驗（Immersive Experience）	*78*
32.	擴展實境（XR）、元宇宙（Metaverse）	*80*

33.	數位雙生（Digital Twin）	82
34.	遠距醫療看護、遠距手術（Telesurgery）	84
35.	全息影像（Holographic Telepresence）	86
36.	定位與感測（Localization and Sensing）	88
37.	蜂巢式車聯網（C-V2X）	90
38.	智慧電錶（Smart Meter）、智慧電網（Smart Grid）	92
39.	工業 4.0、5.0（Industry 4.0、5.0）	94
40.	腦機介面（BCI）、體域網（BAN）	96
41.	感測與通訊整合（ISAC）	98
42.	無人機（UAV）、無人搬運車（AGV/AMR）操控	100
43.	智慧城市 / 農業（Smart City/Agriculture）	102
44.	整合存取與回傳（IAB）	104
45.	創新光學與無線網路（IOWN）、全光網路（APN）	106
46.	人工智慧即服務（AIaaS）	108
47.	太空、天空、地面一體化網路（SAGIN）	110
48.	觸覺網際網路（Tactile Internet）	112
49.	推助無線電能傳送（WPT）、能源收割（EH）	114
50.	支援呼應零信任（Zero-Trust）資安防護	116

CHAPTER 4

5G/6G 硬體裝置、設備產業鏈　　118

51.	5G、6G 晶片構成概覽	120
52.	基頻晶片商	122
53.	射頻晶片、射頻類比前端晶片、射頻元件商	124

54.	應用處理器晶片商	*126*
55.	伺服器相關晶片商	*128*
56.	微控制器晶片商	*130*
57.	矽智財供應商	*132*
58.	晶片設計服務商	*134*
59.	晶圓代工廠	*136*
60.	化合物半導體代工廠	*138*
61.	通訊模組代工商	*140*
62.	用戶前置設備代工商	*142*
63.	智慧手機商	*144*
64.	行動電腦商、平板電腦商	*146*
65.	物聯網、穿戴電子商	*148*
66.	工控電腦商、邊緣運算設備商	*150*
67.	專屬通訊設備商	*152*
68.	測試設備商	*154*
69.	5G/6G 硬體新創商	*156*
70.	硬體產業鏈小結	*158*

CHAPTER *5*

5G/6G 衛星、軟體、服務產業鏈　　*160*

71.	衛星產業鏈概覽	*162*
72.	衛星主要部件概述	*164*
73.	天線、射頻基頻製造商	*166*
74.	機構件、基板、連接器、光學元件商	*168*

75.	衛星系統商、子系統商	*170*
76.	衛星發射服務商、仲介商、保險商	*172*
77.	低軌衛星用量可望大增	*174*
78.	衛星系統營運商	*176*
79.	行動通訊服務營運商	*178*
80.	邊緣運算商、核網軟體商	*180*
81.	專網系統整合商	*182*
82.	資訊技術服務商	*184*
83.	測試驗證服務商	*186*
84.	公有雲商核心網路服務	*188*
85.	公有雲商邊緣運算服務	*190*
86.	公有雲商衛星地面站服務	*192*
87.	新興應用服務商	*194*
88.	新覆蓋下可能受脅的網路技術與服務	*196*
89.	更多相關新創商	*198*
90.	更多大膽創新技術	*200*

CHAPTER 6

6G發展變數與展望　　*123*

91.	物理面、工程面的技術挑戰	*204*
92.	頻譜政策與進度	*206*
93.	現階段專利高度集中於中國	*208*
94.	資安、隱私威脅	*210*
95.	能耗、碳排顧慮	*212*

96.	邊際效用遞減、新客群經營	*214*
97.	其他無線通訊技術的反撲	*216*
98.	樣樣通、樣樣鬆	*218*
99.	過度期許、過度失落	*220*
100.	更多的隱憂、挑戰	*222*

PREFACE 序言

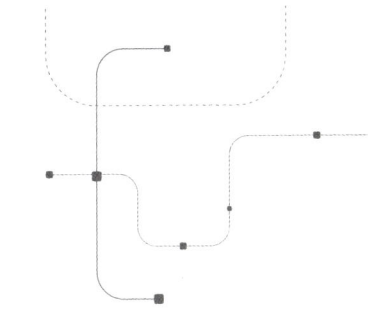

　　在第六代（6G）行動通訊網路未到來前，請各位回想一下現行生活中的不便：在飛機或郵輪上想上網不僅要申請還很貴、每兩個月就得去家門口填寫使用的瓦斯度數有時還會忘掉、出門跑步只配戴智慧手環而忘了帶手機，回家後找到手機才能同步更新運動數據，這些不便在 6G 到來後都不是問題。

　　6G 基地台可以如衛星般高掛太空，飛機跟郵輪乘客可直接與衛星通訊上網；6G 基地台直接與家戶的智慧水電錶連線，自動抄走該月份用量數據；智慧手環直接跟 6G 基地台連線，運動數據直接上傳雲端集中記錄，沒有手機的事。

　　以上是 6G 對一般家戶、個人的便利，但還有更多便利是在產業、公部門領域，如 6G 操控無人機、操控自駕車、操控廠房機械手臂，外科醫生不用出門，直接用遠距手術為離島病患開刀等，甚至是一些新應用，總之只有你想不到，沒有 6G 做不到。

　　6G 潛在應用比過往五代更廣泛多元，市場潛力巨大，早已是歐美日韓等國的重兵集結佈局目標，我國資通訊產業界也對此磨刀霍霍，以便在市場爆發時，能在 6G 產業鏈中佔有一席之地，並享豐厚利潤。

　　不過眾多投資者多少也領略過，有些業者只是「蹭」熱題，對新技術並未積極投資發展，只因原有業務與熱題有些許相關性，也大張旗鼓說自身是 6G 概念股，這類業者期許的收益來自推升的股價，而非新投入事業的市場斬獲。

對此，本書的用意即在於盡可能嘗試描繪 6G 產業鏈的全貌，並將國內外主要業者標註於其中，必要時也比較業者在該鏈中的技術能耐、份量輕重，期讓眾多投資者在面對眼花撩亂、撲天蓋地的 6G 概念股吹捧訊息時，能快速掌握真正的潛力股、成長股，避開地雷，與業者共同踏實斬獲。

第一章 從 1G 到 6G 的淵源脈絡

6G 並非一蹴即成，要想對 6G 有初步且正確的了解，就不可避免的必須去了解從 1G 一路至 5G 的發展脈絡，為何要換代？每一代之間的主要差異為何？若沒有回望過去，就難以展望未來 6G 的價值。

第二章 6G 技術標準進度與走向

6G 一詞僅是泛稱，6G 背後是由諸多技術與標準所構成，且推進歷程中有些技術被加入、有些技術被捨棄，而技術試鍊可行後透過提案，經多次議定後才能正式納入標準，故有必要了解相關技術與標準。

第三章 6G 未來願景與全向應用

6G 絕不是只用來打打電話上上網，那些小兒科應用在前幾代的技術中已大體滿足，6G 著眼在各種新應用，例如讓人透過虛擬實境（Virtual Reality, VR）眼鏡即時感受演唱會、球賽現場，或運用數位雙生（Digital Twins）技術監控廠房、營建工地等，了解 6G 的可能應用才可能找出有大商機的殺手級應用。

第四章 5G/6G 硬體裝置、設備產業鏈

畫餅不能充飢，若不想 6G 美妙願景淪為空談，自然要運用硬體、軟體、服務進行搭組建構，最終實現 6G。但 6G 產業鏈到底涉及多少層上下游？誰又是鏈中真正的要角企業？唯有先行識別與標定才能掌握投資先機。

第五章 5G/6G 衛星、軟體、服務產業鏈

6G 與過往五代的一點不同是其基地台可以用衛星吊掛到高空服務，或至少允用衛星為信號反射鏡來擴大服務覆蓋範疇，即便不能用衛星也能借用其他高空飛行物達到近似的效果，故想了解 6G 也必須程度性地了解衛星產業鏈。

第六章 6G 發展變數與展望

6G 全然美好美妙嗎？答案有可能為否，過往推行 4G、5G 時便有各方質疑基地台用電量暴增的問題，或因系統設計轉趨開放而產生大量的資安攻擊。因此有關 6G 發展實現中的可能有利、不利因素有必要預先攤開來檢視與正視。

歸結而言，由於 6G 匯集所有未來應用想像，為實現想像也幾乎會用及所有現行與未來數年可能的資通訊新技術，如人工智慧、區塊鏈、雷射通訊、量子通訊加密、太赫茲（Terahertz, THz）級的高頻等。

加上 6G 的服務覆蓋性遠勝過往五代，故產業必然出現大交疊、大融合，或可說是混戰，產業邊界逐漸模糊，故過往條理分明的個別產業分析法推測將會鈍化甚至失效，此應留意。

最後，6G 願景能否實現、6G 產業鏈能否強大壯盛，有賴各方對 6G 有真實真確的瞭解，不僅技術從業者需要了解，也包含參與者、推廣者、銷售者、投資界乃至一般大眾，期共勉之。

CHAPTER 1

從 1G 到 6G 的淵源脈絡

今日人手一機的行動通訊服務即將在未來數年正式進入第六世代（6G），第六代不僅是個人或家戶的通訊再提升，在產業、社會層面也將帶來大變革。

6G 在變革的同時也有諸多的承襲，承襲自過往的 3G、4G、5G 等，因此想正確瞭解 6G 世代的技術真義，須對過往世代有程度性瞭解，僅從 5G 跳入 6G 的部份說明必然會囫圇吞棗，因此本章的目標在為紮實認知打底，盡可能簡要快速交代過往發展歷程，對此也懇請稍加耐心閱讀。

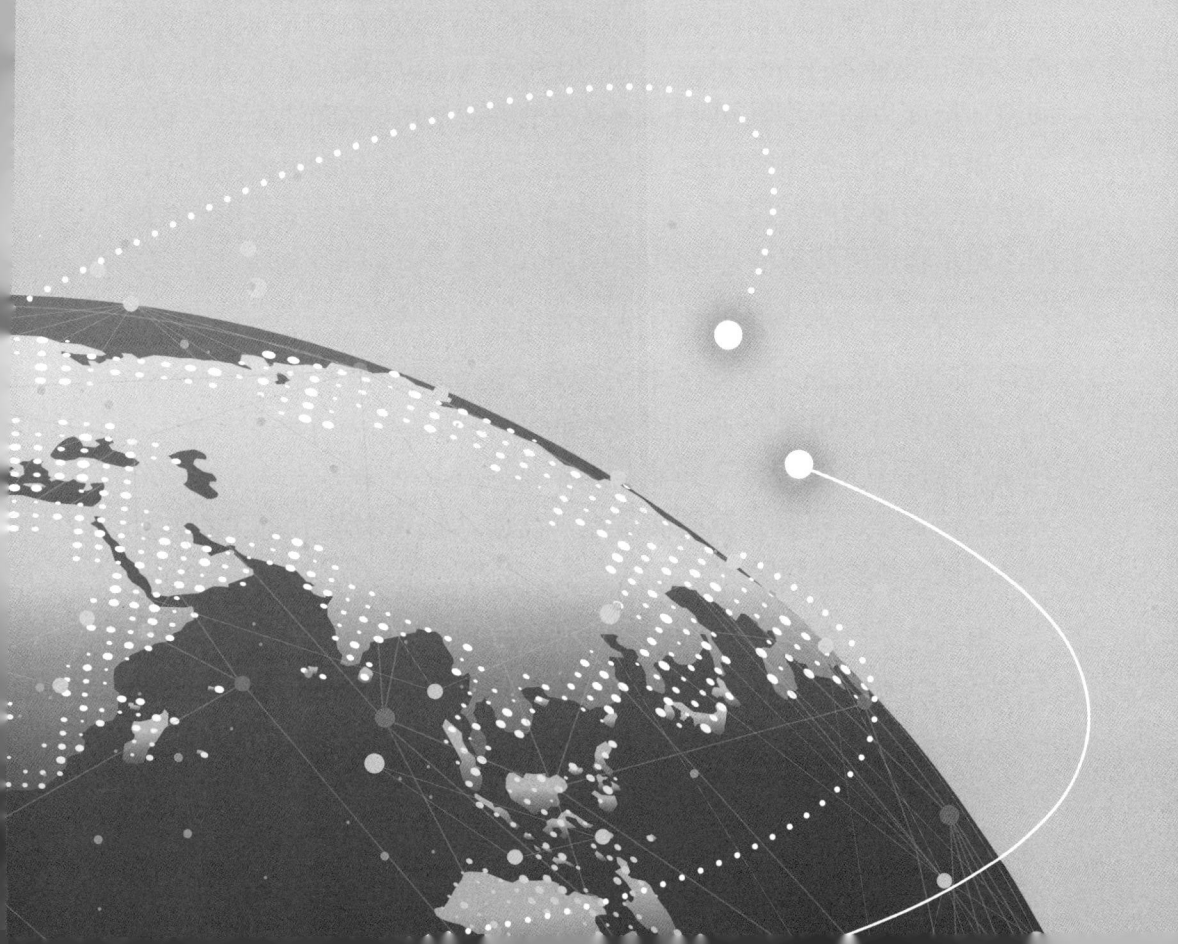

CHAPTER 01 為何稱為第六代行動通訊？

很明顯的，因為有前五代才有現在要談的第六代。前五代的運用設想大致如下：

第一代：類比技術的行動電話，語音（Voice）通話服務為主。

第二代：數位技術的行動電話，第二代的後期技術開始加入資料（Data，或稱數據）傳輸能力。

第三代：包含原有的語音並加快資料傳輸，讓智慧型手機、筆電能行動上網。

第四代：更快的資料傳輸，不僅傳輸資料還能以串流方式即時傳輸影音，此稱為 Triple Play，即同時提供 Voice、Data 及 Video 三類服務，後期也加入物聯網（Internet of Thing, IoT）傳輸服務。

第五代：包含所有前述功能服務並更強化，物聯網再細分大量性與嚴苛性兩種取向的服務，前者用於家戶的水電抄錶，後者用於車聯網、遠距醫療等關鍵任務性應用。

第五代各方面均再強化，並引進虛擬化（virtualization）、邊緣運算（edge computing）等元素，後期開始嘗試運用衛星、高空平台（如熱氣球、滑翔機）來強化物聯網的服務覆蓋性，期望構達雨林、荒漠、冰原、大洋等地，即長久以來傳統基地台難及之處。基地台僅在人口稠密區設置方有經濟效益，此僅佔全球面積 10％，剩餘的 90％面積為新覆蓋商機。

第六代：目標是各方面均超越前五代。

第一代至第五代

行動通訊服務
僅覆蓋地球 10% 面積
（僅人口稠密區）

第六代

行動通訊服務
將補足剩餘 90% 覆蓋
目標 100% 服務覆蓋
（遍及森林、冰原、汪洋）

6G 無線通訊技術目標是實現全球完整服務覆蓋

資料來源：作者提供

CHAPTER 1 ▶02 行動通訊的「世代別」何時開始？

　　行動通訊並不是發明的第一天就明確地稱為第一代，而是在 2000 年前後制訂第三代標準時，才將更早先使用的技術以「世代」之詞進行區別。

　　世代的差別主要在於基地台（Base Station, BS，對岸稱為基站）、核心網路（有時簡稱核網）等佈建體系的大幅翻新，新體系幾乎不相容於舊體系，連帶必須換替終端用戶的手機，因而產生世代差別。

　　由於第二代行動通訊大體以通話應用為著眼，然隨著 Internet、家用寬頻的盛行，如何在移動間上網也成了普遍需求，且希望上網速率愈快愈好，第二代通訊的整體佈建體系難以提供更快的上網速率，因而有了世代翻新，包含訂立新標準，並依循標準重新佈建基地台與核網設施。

- **此前技術為何稱為第零、一、二代？**

　　世代別的概念建立後，此前已流行的行動通話被稱為第二代，更此前與第二代體系不相容的技術稱為第一代，事實上對民間（企業、家戶、個人）而言最初的盛行便已是第二代。

　　而所謂的第一代（1970 年代末）大體是國區各自為政的技術時代，此代未如第二代成為全球普遍性標準，例如在北歐、瑞士、荷蘭等地使用的北歐行動電話（Nordic Mobile Telephone, NMT）技術、在美國、澳洲等地使用的進階行動電話系統（Advanced Mobile Phone System, AMPS）技術等。另還有更洪荒摸索時期的第零代（1960 年代）技術，如隨按即說（Push-To-Talk, PTT）、行動電話系統（Mobile Telephone Service, MTS）等。

更先前的標準被視為0G、1G

⬆

Step 2.
將過往GSM技術認定為2G

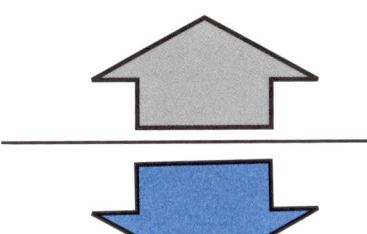

⬆
⬇ **Step 1.**
1998年3GPP成立

Step 3.
訂立3G標準

⬇

Step 4.
持續制訂後續4G、5G標準

行動通訊技術標準的世代化定義歷程圖

資料來源：作者提供

CHAPTER 1 ▶ 03　通訊世代劃分是分明的嗎？

答案為否，每換一個世代必然是大幅革新，但在尚未進入全新世代前，原有世代的技術也會持續強化精進。

舉例而言，從第二代進入到第三代前，過程中會有所謂的 2.5G、2.75G、2.9G；類似的，從第三代進入到第四代前，也曾出現過 3.5G、3.75G 等；或者，在第四代推出後但尚未邁入第五代前也有所謂的 4.5G、B4G（Beyond 4G），意思是超越原有 4G 但未達 5G；同理，5G 實現後在但尚未正式進入 6G 前，也有業者倡議與主張 B5G（Beyond 5G）。

• 新世代問世後　舊世代仍會增修

這些過渡期間的稱法，其實是原有世代標準確立後，又對該標準進行持續性的增訂、修訂，增修的結果使原有的通訊表現更好。舉例而言，2G 大體是為了語音通話服務而設計，但因應大眾期待的上網需求，也變通用來傳輸資料數據（Data），但傳輸率低，約 9.6kbps（註）。

之後以 2G 標準為基礎增訂了通用封包無線服務（General Packet Radio Service, GPRS）技術，即俗稱的 2.5，則讓傳輸率增至 171kbps，之後再增訂 GSM 增強數據率演進（Enhanced Data rates for GSM Evolution, EDGE）技術，傳輸率再擴增至 473kbps。

值得注意的是，原有世代的增訂標準不一定是在下一世代標準未底定前才制訂，有時是在新世代標準確立後仍回頭對舊世代進行增修，畢竟全球仍有諸多舊世代的系統商業佈建，在未跨入全新世代投資前，原有佈建也需要有精進的依循標準。

主要世代	衍生、過渡世代
0G	無
1G	1.5G
2G	2.5G
	2.75G
	2.9G
3G	3.5G
	3.75G
	3.9G
	3.95G
4G	4.5G
	4.9G
5G	5.25G
	5.5G
6G	尚無

無線行動通訊技術主要世代與過渡世代對應表

資料來源：作者提供

註：9.6kbps 等於 9.6kilo bit per second，意即每秒可以傳輸 9,600 個位元，每個位元可以是 0 或 1。

CHAPTER 1-04 行動通訊世代標準由誰制訂？

行動通訊標準，其實是由一個各界共同參與的組織制訂，其主要組成是七個主要國區的通訊技術標準委員會，並加上諸多市場代表等，組織名稱為第三代合作夥伴計畫（3rd Generation Partnership Project, 即 3GPP），成立於 1998 年。

由名稱也可以知道，該組織主要是制訂第三代行動通訊標準，在組織成立前第零、一、二代技術早已存在，但組織仍將第二代技術歸入其範疇，而後相關制訂即在於取代第二代技術。

雖然 3GPP 是為了制訂第三代技術而成立，但並不表示制訂完第三代標準後就解散，而是持續運作，此後也進行第四代、第五代、第六代的標準制訂，若無意外也會有更後續的世代標準制訂，只是組織名稱不再改動，保持著 3GPP 的稱呼。

• **標準直接以發布版次為名**

技術標準透過研究、提案、表決等相關研議程序後確定，而後公開發布，3GPP 早期的發布（Release）是以年份為基準，例如 3GPP Release 98 即是指 1998 年期間完成的制訂，實際發布時間是 1999 年第一季，3GPP Release 99 則為 2000 年第一季。

不過以年份數字為標準名的作法僅維持短暫時間，而後改成直接以發布的次數數字為名，如 2001 年發布 3GPP Release 4（簡稱 R4 或寫成 Rel 4），2002 年發布 3GPP Release 5，如此每一至三年更動一次，至 2023 年底已是 3GPP R18，即已是第 18 版標準。

標準名稱	發布年份	簡述
Phase 1	1992 年	回認 2G 標準
Phase 2	1995 年	
Release 96	1997 年	
Release 97	1998 年	增補、修訂 2G 標準
Release 98	1999 年	--
Release 99	2000 年	3G 首版標準
Release 4（以下僅寫 R）	2001 年	--
R5	2002 年	--
R6	2004 年	--
R7	2007 年	--
R8	2008 年	LTE 首版標準，而後成為 4G
R9	2009 年	--
R10	2011 年	--
R11	2012 年	--
R12	2015 年	--
R13	2016 年	--
R14	2017 年	--
R15	2018 年	5G 首版標準
R16	2020 年	--
R17	2022 年	--
R18	2023 年	--

3GPP 標準版本推進表

資料來源：3GPP

CHAPTER 1

第三代為何要升級到第四代？

透過前述大體已知為何要從第二代升級成第三代，主要在於提供更快的行動上網速率（第二代架構體系難以更快），那為何要升級到第四代呢？就使用者角度而言當然是比第三代更快，從隨時可以瀏覽網站網頁，變成可隨時觀看影片，影片比網頁更需要傳輸量與傳輸即時性。

但是，第三代系統若從核心網路建設的後端佈建角度檢視，其實是分別設置、運作與管理兩套傳遞網路，一套是傳統的語音通話網路，採行線路切換式（Circuit Switching）傳輸；另一套是上網的資料（Data，或稱數據）網路，採行封包交換式（Packet Switching）傳輸。

- **後端系統全面擁向封包式傳輸**

線路切換式線路其實是仿自久遠以前固接室話（有實體線路、固定連接的室內電話）的作法，相較於傳遞數據為主的封包式，其線路頻寬資源的運用率過低，第四代其實是期望全面淘汰線路切換式，讓後方建設以封包方式一統，不再需要維持兩套傳輸。

進入第四代後整套後端體系可說是更強健了，不單是讓使用者即時觀看影片，3GPP組織以這套後端服務系統為基礎又陸續增訂新功能、新技術標準，使第四代行動網路在語音、上網、影片外還能開展出其它的應用。

3G 系統設計

提供語音、數據上網服務

終端用戶 ↔ 基地台 ↔ 核心網路

語音走傳統公眾固網
數據走 Internet

4G 系統設計

提供語音、數據上網、即時視訊服務 (頻寬提升)

終端用戶 ↔ 基地台 ↔ 核心網路

語音、數據都走 Internet
(後端統合)

第三、四代行動通訊主要差異示意圖
圖片來源：作者提供

CHAPTER 06 第四代與 LTE 是何關係？

　　在正式說明第四代的新應用前先對一個容易混淆的詞作說明，事實上每一世代都另有其技術名稱，如第二代稱為全球行動通訊系統（Global System for Mobile Communications, GSM）、第三代為通用行動通訊系統（Universal Mobile Telecommunications System, UMTS），或有人稱寬頻多重分碼存取（Wideband Code Division Multiple Access, WCDMA/W-CDMA），但其實 WCDMA 只是基地台端的存取技術標準。

　　同樣的第四代也有稱呼，即長期演進技術（Long Term Evolution, LTE），只不過 LTE 初頒布的技術版本（3GPP R8），資料傳輸率上未達國際電信聯盟（International Telecommunication Union，即 ITU）對第四代行動網路的設定：高速移動時能有 100Mbps 傳輸率、靜止時為 1Gbps。

　　不過隨著版本持續增訂，到了 3GPP R10 也能達到 100Mbps 傳輸率，正式合乎 4G 這個稱號，如同 2G = GSM、3G = UMTS 般，將 4G 與 LTE 兩者間畫上等號。簡言之：嚴格而論有些微差別，大致而論則無別。

・正式技術名稱外還有行銷用詞

　　不僅是 2G、3G、4G 有稱號，其實如 2.5G、2.75G 等小數點世代也同樣有技術稱號，2.5G 稱為通用封包無線服務（General Packet Radio Service, GPRS）、2.75G 稱為 GSM 增強數據率演進（Enhanced Data rates for GSM Evolution, EDGE），3.5G 為高速下行封包接入（High Speed Downlink Packet Access, HSDPA）等，在此難以盡數。

以上尚屬於正式官方稱呼，但若干稱呼則屬各界（如電信設備商、電信服務營運商）為了推廣技術或方案而有的主張，並非全面性普遍認同，或僅代表一個大體的抽象概念，如 Pre-4G（未達 100Mbps 速率前的標準）、B4G（3GPP R10 之後的標準）等。

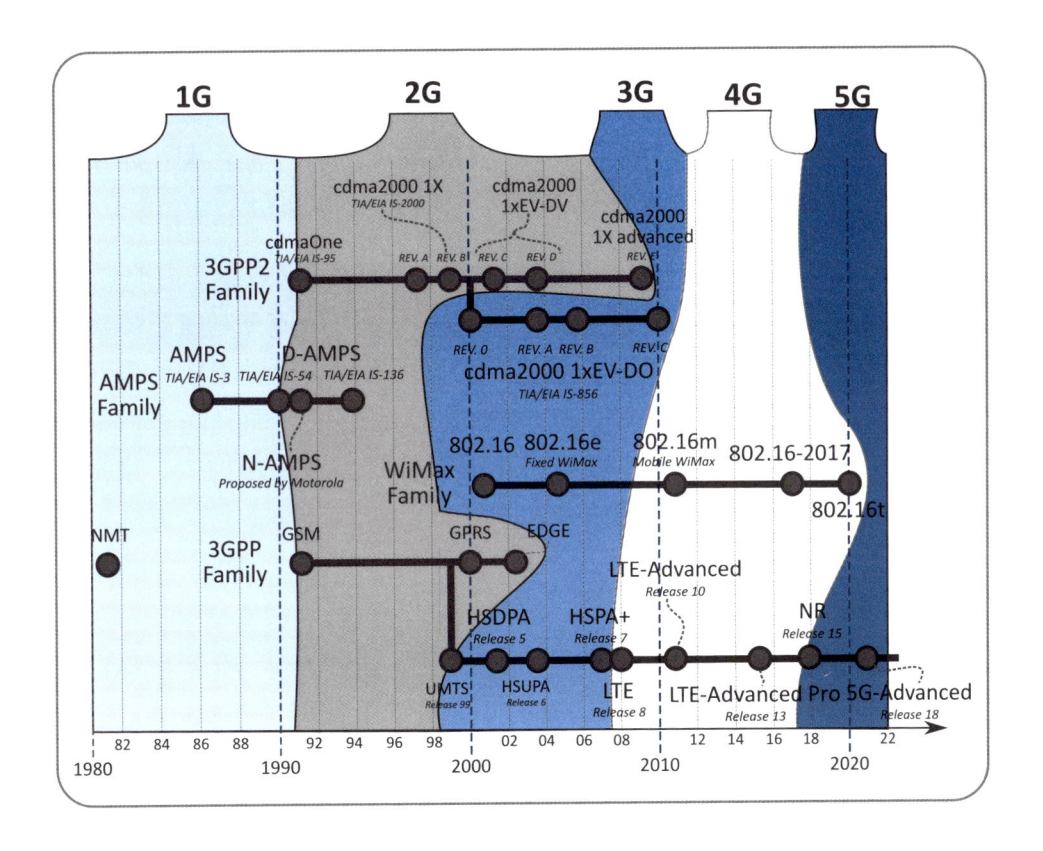

行動通訊技術演進圖

圖片來源：Michel Bakni

CHAPTER 07

強化室內通訊 LTE-Hi、推擠固接寬頻 LTE Home

在 3GPP R8 標準確立了 4G 通訊後，之後數年又相繼有了 R9、R10 等對 4G 技術增補的標準，其中 R12 加入了諸多強化與新應用功能，而 LTE-Hi（Hotspot/indoor）即是一項強化功能。

LTE-Hi 旨在強化 4G 於室內、建築物內的通訊效果，在此之前很長一段時間，行動通訊標準制訂所設想的運用情境，其實是以廣闊郊外無遮蔽下的行車通話，但 3G 已經將重點轉向行動上網（畢竟通話雖要求即時但傳輸量不大，2G 系統足以因應），而且隨著行動通訊的更加普及，許多人是在城市（建築物林立、多阻礙物）、家裡、辦公室內用手機上網，情境已大不同。

• 4G 開始取代固接寬頻

4G 問世後帶來的另一個改變是取代傳統家戶所用的 ADSL（Asymmetric Digital Subscriber Line）或纜線數據機（Cable Modem）的固接寬頻，主要是美、加、紐、澳等國有諸多地廣人稀的區域，為了偏遠少數幾戶人家分別牽佈固接線路，而後從家戶的寬頻月費回收牽佈成本，投資報酬比偏低，反之架設起一座 4G 基地台，直接提供基地台覆蓋區內多戶家庭的無線寬頻上網服務，如此較合算。

如美國電信營運商 Verizon 提出 LTE Home（行銷詞，並非技術詞）服務，家裡放置一台 LTE 無線路由器供全家成員多個裝置上網，路由器與基地台間以無線方式通訊，沒有實線。不過此一取代效果對地狹人稠的東亞較不適用。

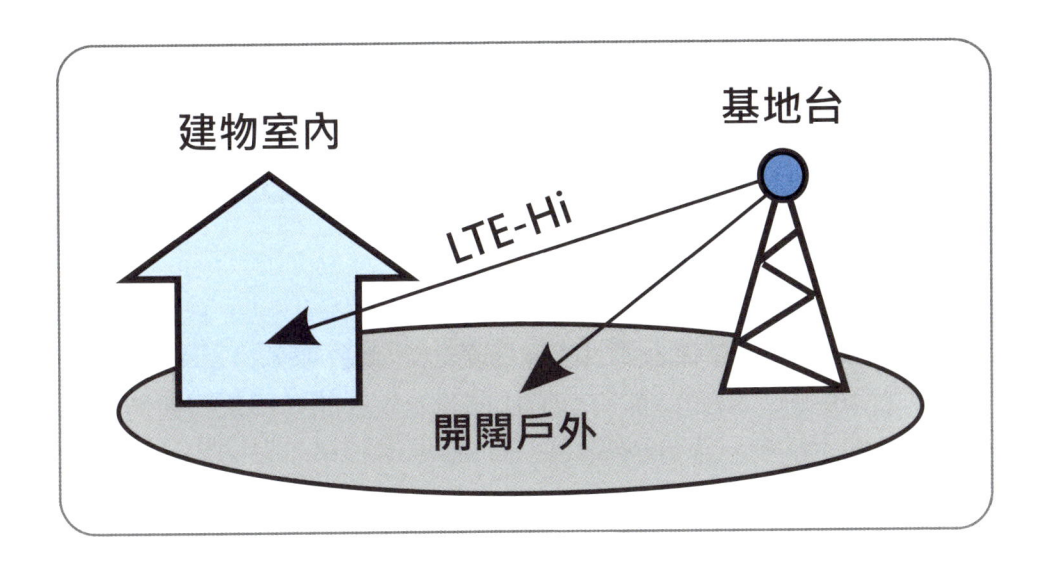

因應日益普遍在建物、室內使用無線寬頻的情境而增訂 LTE-Hi 技術

圖片來源：作者提供

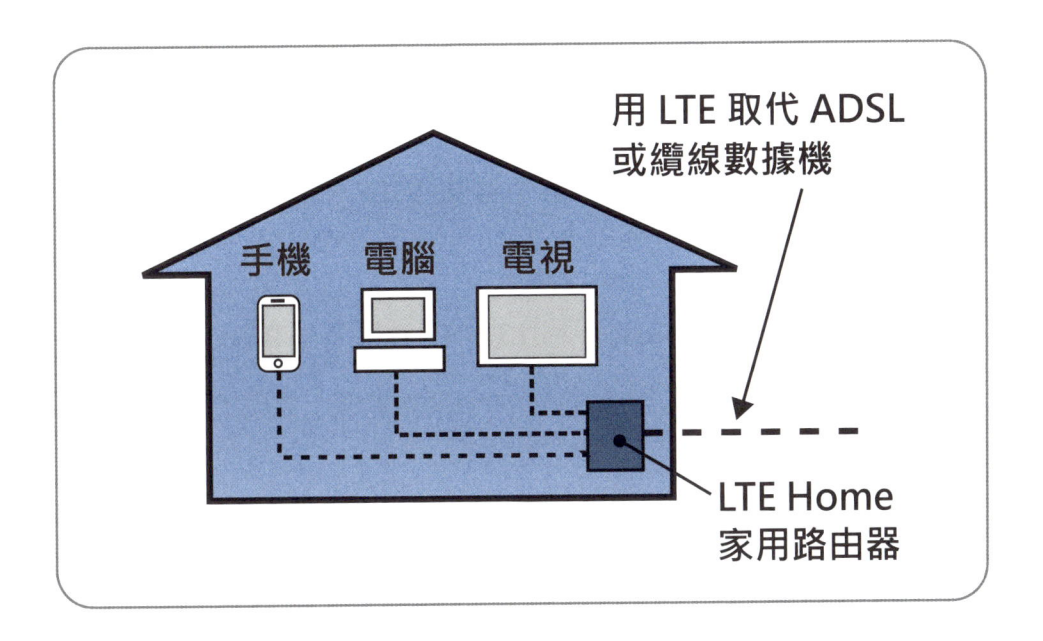

Verizon LTE Home 服務示意圖

圖片來源：作者提供

CHAPTER 08

試圖取代地面電視站的 LTE-B (eMBMS)

地面電視站是指過去老三台（台視、中視、華視，之後增加民視）的無線電視，電視台業者只要在地面架設起節目信號的廣播發送站，而後家家戶戶只要有接收天線就可以收看節目，早期是發送類比信號，之後也升級成數位信號。

早在 3G 時代的 3GPP R6 版（2004 年）標準中，就期望用夠快速的無線數據（資料）傳輸來取代傳統的地面電視信號發送站，用手機基地台取代過往的節目訊號地面發送站，此技術稱為多媒體廣播多播服務（Multimedia Broadcast Multicast Service, MBMS），不過效果並不理想，未獲電信營運商普遍運用。

• 3G 時代失敗 4G 時代再次挑戰

不過進入 4G 時代後，3GPP 組織在 3GPP R12 版（2015 年）標準中對過往的 MBMS 功能進行強化，稱為 eMBMS，e 即 enhanced 強化之意，再次期望用手機基地台取代過往無線電視地面發送站。eMBMS 也有人稱 LTE Broadcast、LTE-B，B 即廣播 Broadcast 之意。

事實上，相較於傳統電視節目的地面廣播站，手機基地台可以實現更活化的節目播送方式，例如可以實現只針對某一用戶、某一裝置的節目單播（Unicast），特別是只有該用戶付費訂閱時；或是只針對某一群目標受眾才同時播放的群播，或稱多播（Multicast）；或是與傳統地面站一樣的一味地發送廣播。

相對於單播：
- 3GPP標準帶來多項強化
- 共同內容的有效傳播
- 設計上沒有收視戶的上限
- 單一頻率的網路（SFN）
- 更好在覆蓋區邊接收信號
- 更好的空間性運用

LTE 單播
（一對一）

LTE 廣播
（一對多）

LTE廣播優點：
- 強化的即時視訊體驗
- 減少營運播放成本
- 單播卸載可減少傳輸擁塞
- 與LTE晶片組、基礎建設完整整合
- 不需要專屬頻譜或重疊性的無線網路

LTE Broadcast 技術示意圖
圖片來源：Ericsson

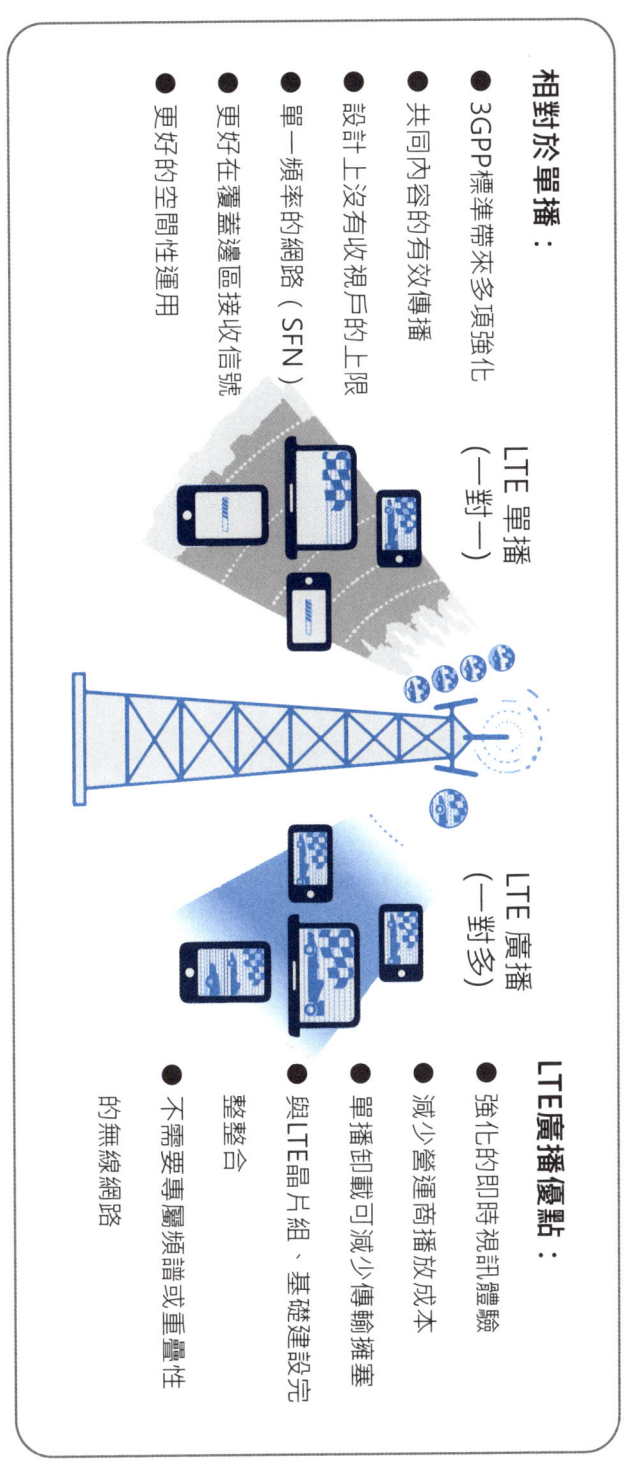

CHAPTER 09

巧運 Wi-Fi 傳輸的 LTE-H、挪借 Wi-Fi 頻譜的 LTE-U

雖然 4G 已很快速，但 3GPP 組織試圖善用 Wi-Fi 領域來進一步強化 4G 的數據（資料）傳輸力，對此有了 LTE-H 與 LTE-U 等技術主張。

LTE-H 的 H 是指異質網路（Heterogeneous Network, Hetnets），指的是運用 Wi-Fi 服務覆蓋來增強 LTE 傳輸，LTE（覆蓋廣，傳輸量小）依然負責整個傳輸的控制命令，但可以將部份或多數的資料傳輸交由鄰近的 Wi-Fi（覆蓋小，傳輸量大）來代為傳遞，以此達到整體加速，此技術需要 Wi-Fi 路由器與 LTE 基地台間進行協調聯繫。

• 借用 Wi-Fi 頻段的 LTE-U

至於 LTE-U 的 U 是指免授權頻段（Unlicensed），其實就是指 Wi-Fi 普遍使用的 2.4GHz 頻段（之後也陸續放行 5GHz 頻段、6GHz 頻段），該頻段全球通行且免費，不像行動通訊頻段通常要各國政府審理放行甚至付費租用。

LTE-U 是運用免授權頻段架設起 LTE 小型基地台，但面積覆蓋大體與一般 Wi-Fi 路由器相仿，LTE 小型基地台背後也是與 LTE 基地台協調聯繫，依然由 LTE 基地台統籌所有的控制命令傳輸，小型基地台則可加強資料傳輸。

有了本來的 3G、4G 正規的授權頻段，又加上 LTE-H 或 LTE-U 所巧借、挪用的 Wi-Fi 頻段（由 Wi-Fi 路由器或小型 LTE 基地台提供），頻段資源擴大，自然終端用戶的資料傳輸量更快更大。

附帶一提，LTE-H 有時也稱 LWA（LTE-WLAN aggregation），LTE-U 有時也稱 LAA（Licensed Assisted Access）。

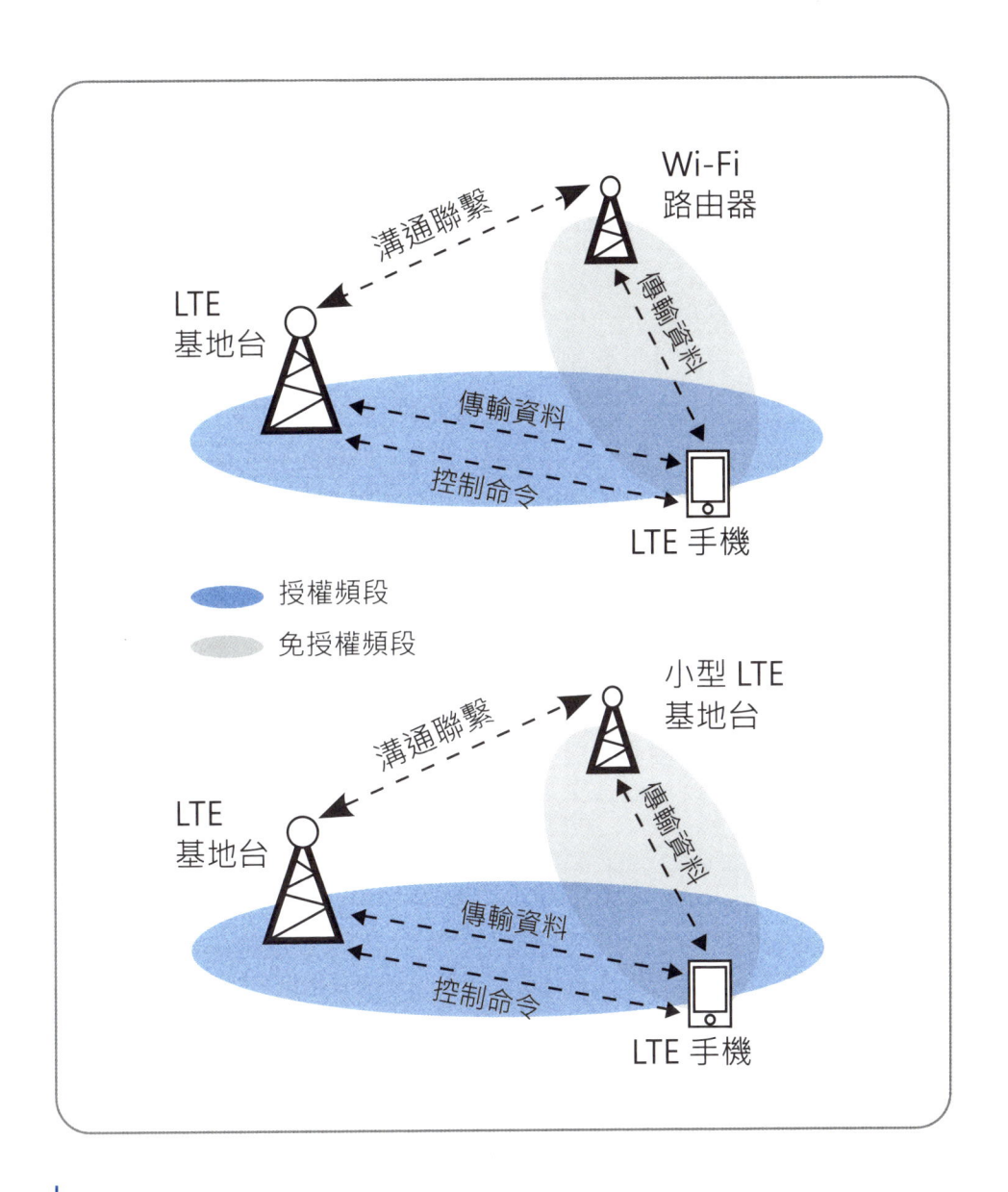

LTE-H（上）、LTE-U（下）運作原理示意圖

圖片來源：作者提供

CHAPTER 10 鄰近方位性服務的 LTE Direct

以方位為基礎的服務（Location-Based Services, LBS）講述多年，實現方式眾多，對此 3GPP 組織也以 4G LTE 進行增訂標準以加速實現（畢竟基地台都已經建了，服務覆蓋區內頻寬充沛，還可以做很多事，不限通話與上網），因而有了 LTE Direct（或稱 LTE D2D，Device to Device）的技術主張。

LTE Direct 是讓 4G LTE 手機用戶上傳文字短訊到 LTE 基地台上，短訊內容可能是臨時徵球友，可能是已經到了演唱會門口發現有急事無法入場，希望在附近趕快把門票廉讓等，LTE 基地台會依據接收短訊的位置，只在鄰近區域代為轉發、廣播此短訊，讓其他有興趣者，後續與這名原發訊者相互聯繫，畢竟這只是該時間該附近才需要的訊息傳遞，錯過時間與地點就不適用。

- **立意良善推行有限**

LTE Direct 想法很好，但實務上也可能出現溝通雙方的糾紛或詐騙，電信營運商承擔不起這個責任，通常是不啟用基地台的這項功能服務，少數電信商有啟用，如德國電信（Deutsche Telekom AG）曾推行，並稱為 LTE 雷達（LTE Radar，服務名，非技術名）。

或者有些電信商還是啟用，但只用於緊急呼救，例如附近有人暈倒了，趕快傳遞文字簡訊：「附近有人是醫護背景的？請趕快到ＸＸ路ＸＸ號實施急救……」並未讓電信商因為經營 LBS 取向的新型加值服務而增加收益，實有些可惜。

LTE Direct 鄰近方位性服務示意圖

圖片來源：Qualcomm

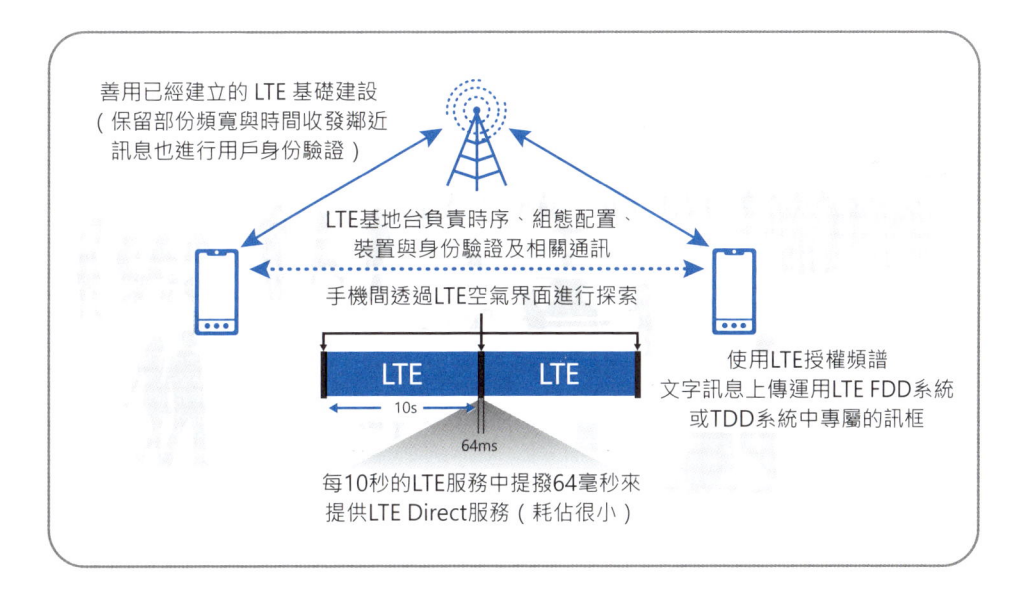

LTE Direct 運作示意圖

圖片來源：Qualcomm

CHAPTER 11 跨入物聯網的 LTE-M2M (MTC)

前述的 4G LTE 增訂標準,都是以人對人(People to People)、人對機器(People to Machine)為主的應用,例如通話是人對人;收看影片是人對機器,由機器即時傳輸影片內容給人觀看;上網也是人對機器(網站系統);LTE-Direct 也是人對人的即時方位性服務。

以人為出發的應用大致都滿足後,4G LTE 更進一步延伸的應用是機器對機器(Machine to Machine),或稱 M2M,或 3GPP 組織稱此為機器型態的通訊,即 MTC(Machine Type Communication)。

雖名為 M2M、MTC,但更根基本質而言,其實就是物聯網(Internet of Things, IoT)通訊服務,廣泛而言屬於低功耗無線廣域網路(Low-Power Wide Area Network, LPWAN)領域的一種通訊技術,其它 LPWAN 的知名通訊技術還有 LoRa、Sigfox 等。

• 抄錶是想定的 MTC 普遍大宗應用

物聯網應用非常多樣,但真的要說 3GPP 訂立的 MTC 能做什麼,通常被認為是先進抄錶基礎建設(Advanced Metering Infrastructure, AMI),即家家戶戶安裝智慧電錶(Smart Meter),電錶內有 SIM 卡,基地台直接跟每個電錶通訊,接收電錶週期性(如每 5 分鐘、每小時)上傳的用電量。

電錶如此,水錶、瓦斯錶亦同,這樣電力公司不用派員抄錶,家戶也不用自己每兩個月良心地填一下瓦斯錶,而長期密集大量彙整後,對電力公司而言可以更精準調控發電機組、電網等後端輸配電系統,即稱為智慧電網(Smart Grid)。

典型智慧電錶（Smart Meter）能自動週期性上傳用電量給後方系統

資料來源：澳洲 Choice 網站

典型先進抄錶基礎建設（AMI）運作示意圖（以抄水錶為例）

圖片來源：tataandhoward.com

CHAPTER 1 第四代為何要升級到第五代？

前面花數篇講述 4G LTE，感覺離 6G 有點遠，但其實這是不可免的理解歷程，現在進一步進入 5G，掌握 5G 後便更能掌握、感受 6G 的未來價值。

4G 後期提出的 M2M/MTC 後，3GPP 組織認為這只適合一般性的 IoT 應用，即是用基地台週期性讀取大量家戶的水電記錄，這種取向的 IoT 通訊要的是一個基地台必須盡可能服務大量的智慧電錶水錶（裝置多）但不用時時通訊，每 5 分鐘、每小時通訊一次即可，傳輸量不大且不用很即時，這次沒抄到（通訊成功）隔 5 分鐘再抄即可，沒那麼要緊（critical）。

• 5G 增列任務關鍵型物聯網

但是有些物聯網應用就需要大量通訊、即時通訊，不可延誤，例如車聯網應用、無人機應用、產業機器人應用等，對此 3GPP 增訂關鍵任務型（Mission Critical）的 IoT 應用，而將過往的一般性 IoT 應用稱為大量家戶申裝（Massive MTC, mMTC）；而關鍵任務型則稱為超可靠與低延遲通訊（Ultra-Reliable and Low Latency Communications, uRLLC/URLLC）；加上本來的行動寬頻上網持續強化，稱為 eMBB（enhanced Mobile Broadband），如此構成 5G 通訊主張的鐵三角。

更重要的是，4G 把後端全面 Internet 化後，5G 進一步把後端核心網路設備開放化、虛擬化，電信營運商不一定要像過往一樣採購專屬的核心網路設備，開始可以用一般伺服器搭配軟體來達到相似效果，簡言之 5G 在前後端都有大變革。

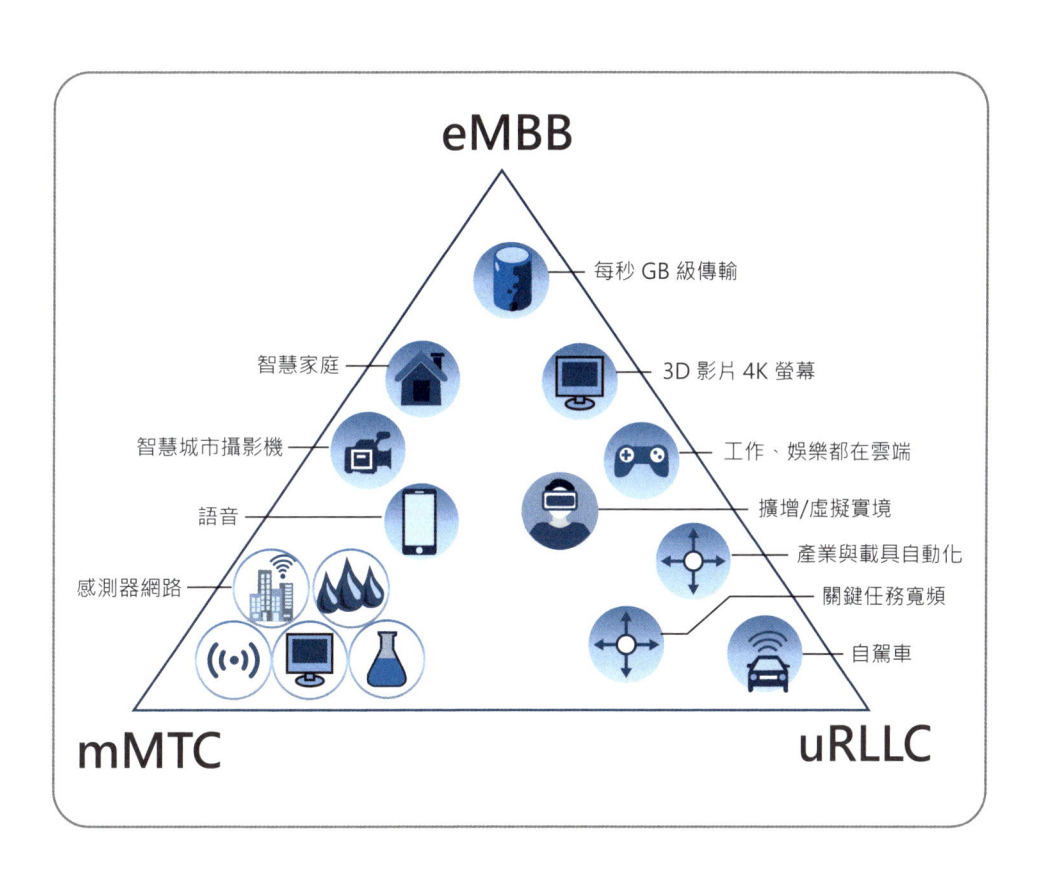

搜尋關鍵字「5G Triangle」後常見的 5G 通訊技術主張圖

圖片來源：英國 3G4G 網站

CHAPTER 13 第五代展開三角價值主張

前篇已約略帶出 5G 三角價值主張，此篇進一步詳解。

5G 三角只代表 5G 基地台服務覆蓋區內可以提供三種大特性取向的通訊服務，並不表示真的就只有三種通訊，其實三種只是最極致的頂點，在三角面積內可以透過 3GPP 組織不斷增訂、修訂標準，來滿足面積內各種可能的需求應用。

舉例而言，由於智慧城市（Smart City）的 IoT 方案要佈建諸多攝影機，攝影機由於要傳輸影像資料，其傳輸量大於 mMTC，但同時相同覆蓋區內的裝置數則少於 mMTC；傳輸上需要一定的即時性，不用像車聯網、無人機 uRLLC 那樣低延遲，但也不能像 mMTC 那麼慢。

所以 3GPP 組織針對這種應用情境在 3GPP R17 標準中增訂了降低能力（Reduced Capability, RedCap）的通訊方式，該通訊方式的定位在 5G 三角的中間位置。

• 穿戴式電子也適合 RedCap

不僅智慧城市適用，RedCap 也適合日益流行的穿戴式電子，一支智慧錶、智慧手環同時傳遞心跳、血氧量等多種資訊到 5G 基地台上，傳輸量多過家戶申裝的智慧電錶，因此傳輸率往 eMBB 靠，同時傳輸延遲要求高一點，但沒有到 uRLLC 那麼高標，所以也是會朝 uRLLC 方向靠一些，故與 RedCap 定位接近。

簡言之，用同一種新訂立的通訊方式，可以同時支援兩種或更多種應用情境，5G 期許在三角形內用各種增訂的通用標準來滿足多種通訊需要。

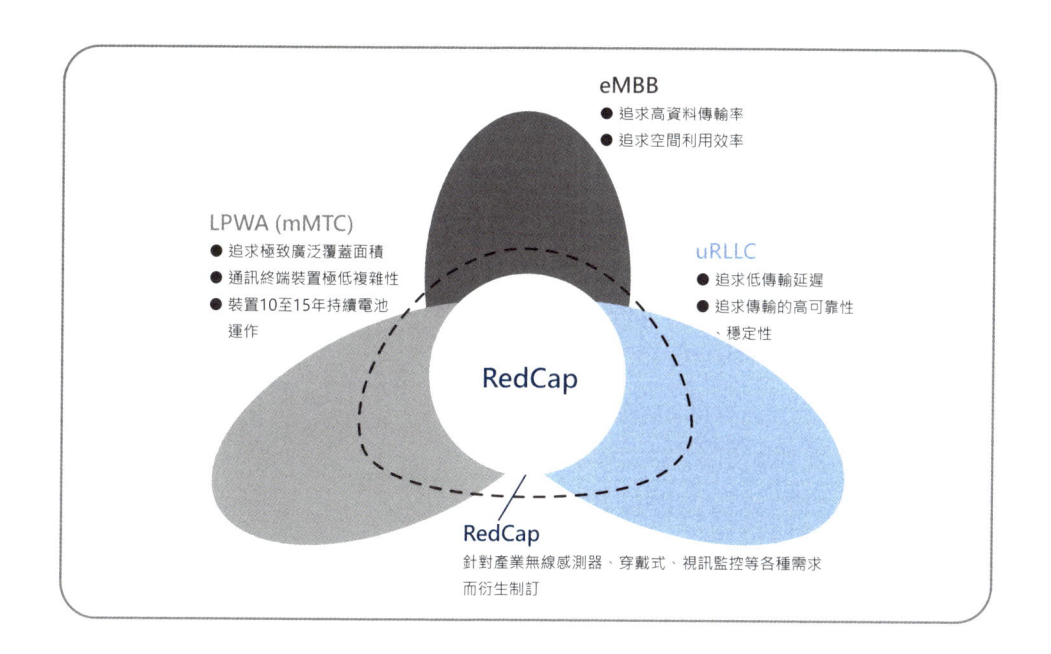

RedCap 即為 5G 三角價值主張內的新增訂通訊標準

圖片來源：Qorvo

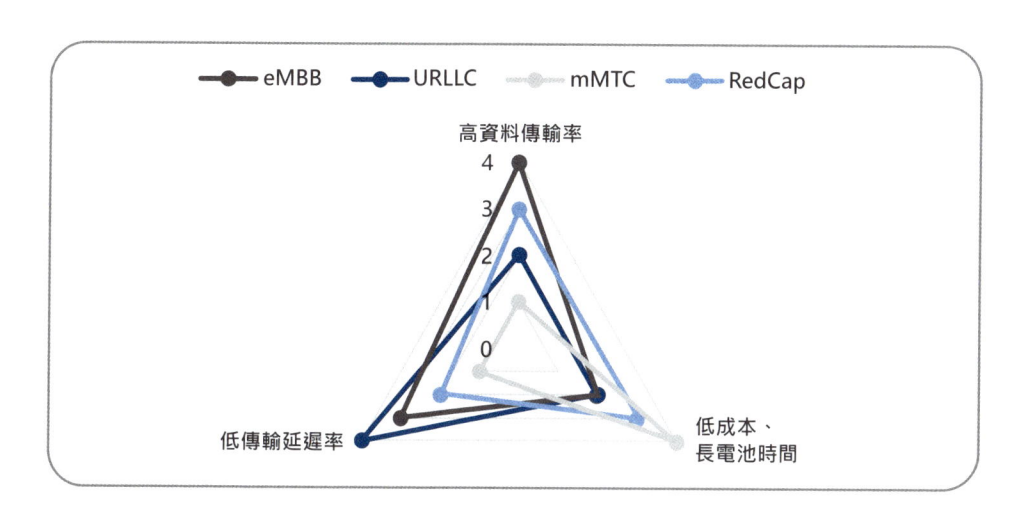

RedCap 傳輸特性訴求介於 eMBB、mMTC、uRLLC 三者間

圖片來源：SimpleX Wireless

CHAPTER 1-14 第六代將從三角到多角

若說 2G 是人跟人的通話，3G 是人跟人通話外再加入人對機（無線寬頻上網，遠端為網站機器），4G 則是再增加機對機（物聯網），5G 則是將機對機再展開另一取向，形成三角，並持續在三角面積內增訂、修訂標準來滿足更多類型的無線通訊應用，那麼 6G 就是再把 5G 擴增，從三角形變成多角形。

至於是幾個角尚未定論，可能六角形、七角形、八角形，或者也有技術提案者認為是以現行 5G 的三大類再行對外輻射展開，最終滿足各種無線通訊應用需求，或有人提出立方型構面、金字塔構面的，總之參與訂立標準的各方目前各自描繪新的 6G 技術主張構圖，仍待統一。

・後端將用上各種先進技術

三角、六角構面價值主張是給用戶看的，告知個人、家庭、企業、公部門未來若使用 6G 行動通訊將帶來多少好處，屬於前端的強調，但同時間 6G 的後端系統也跟過往一樣，每歷經一次世代變革就有翻天覆地的變化。

6G 仍在技術提案與研議中，預估後端會用上各種先進技術，包含區塊鏈分散式帳本技術、人工智慧技術，甚至是量子加密技術，同時基地台也不限地面架設，而是可以高空架設，包含熱氣球、滑翔機，乃至衛星等，使行動通訊的覆蓋面積大幅擴大，面積內有各種無線通訊需求，再行增訂、修訂標準去實現。

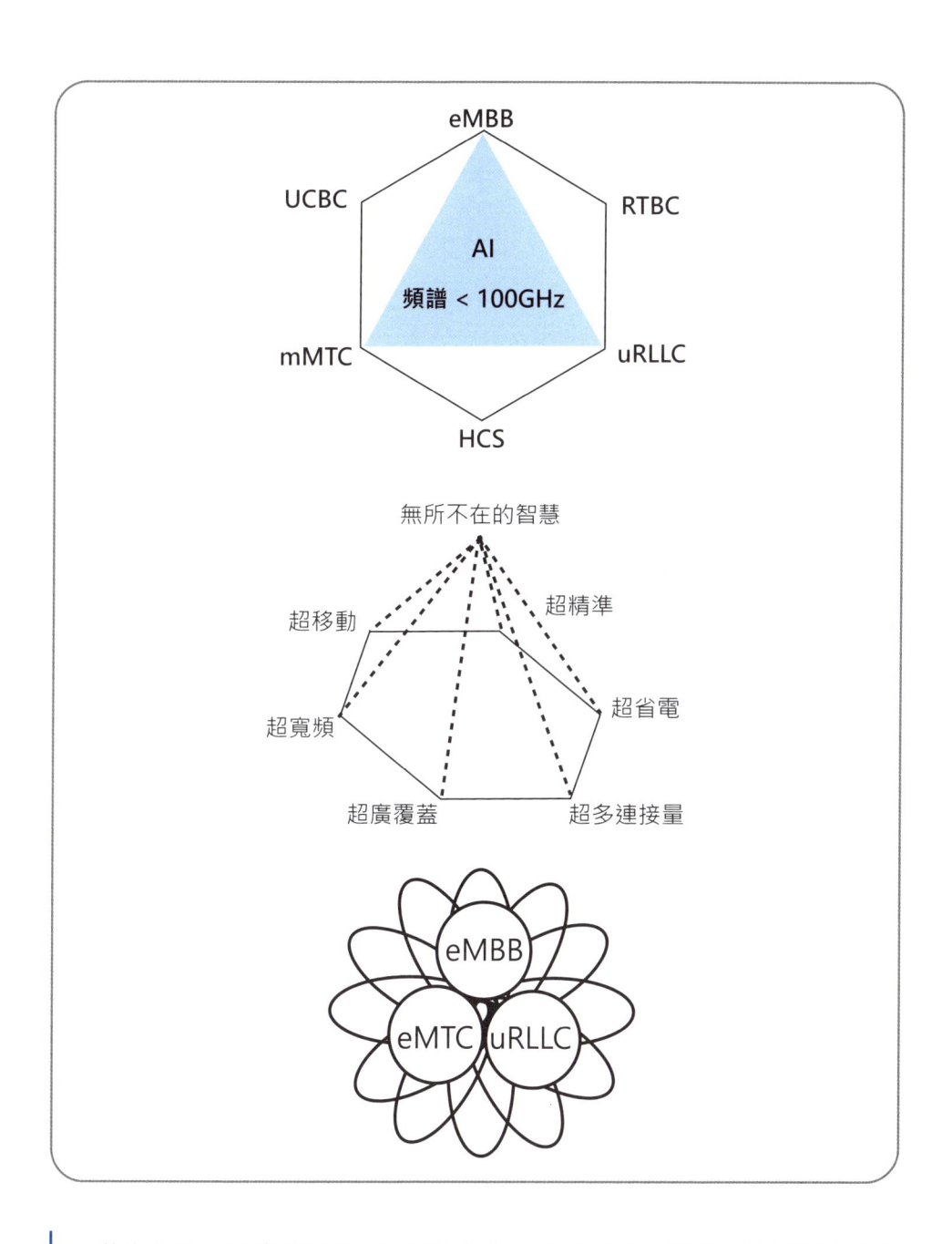

華為主張 5.5G 應擴展成六角主張（上）；IMT-2030 主張 6G 應六個取向上有至高頂點的智慧要素（中）；NTT DoCoMo 認為應以 5G 三取向往外輻射滿足各種新需求（下）

圖片來源：作者提供

CHAPTER 15 為 B5G、Pre-6G 作好準備

5G 的正式標準是 3GPP 組織於 2018 年頒佈的 R15 標準，而後 2020 年的 R16 標準、2022 年的 R17 標準均是持續的增訂修訂，2023 年 R18 標準（或稱 5G Advanced）也是相同。

至於 6G 已經在 2023 年啟動相關制訂工作，2025 年至 2027 年間開始進行相關研究，預計 2027 年或 2028 年間的 R21 新版標準首次帶出 6G 正式標準。

正式標準頒佈後，過往以來都還需要讓各地的電信營運商試行一段時間，例如嘗試在實際現場架設基地台，調整高度、角度、方位，以及透過量測進行修正調整與意見反應，等待各種搭配的終端產品出現等，如此需要再 1 至 2 年時間。所以，6G 的正式商業性服務營運估計要 2028 年後，甚至保守估計是 2030 年。

• 先行佈局 B5G、Pre-6G 者未來贏面大

講到此，所以我們提前看此書了嗎？答案為否。6G 產業商機、服務商機很明顯在未來 3、5 年內必然會到，各方早對此展開各種熱身準備，投資方面更是如此。

即便 6G 尚未正式到來，也早就有諸多業者已開始佈局 5.5G、B5G（Beyond 5G）、5G Advanced，乃至 Pre-6G（先期研究與尚在候選中的技術提案，有落選風險）等，這些與過往 3G/4G/5G 一脈相承，等到 6G 正式標準頒佈、正式商業營運服務開台前的半年、一年才來研究、才來關注，實難看出哪些業者佈局深、哪些業者更具市場贏面。

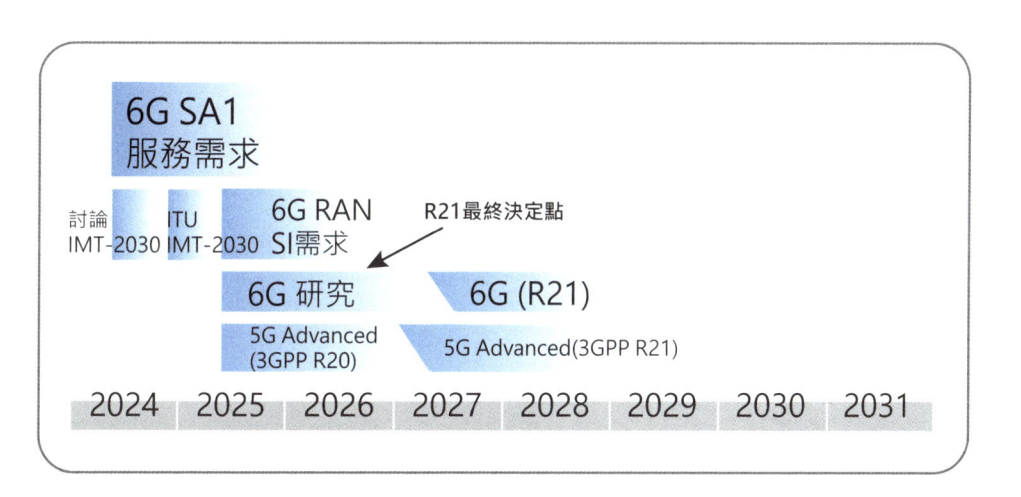

```
                              R21最終決定點
6G SA1
服務需求

討論        ITU        6G RAN
IMT-2030  IMT-2030   SI需求

                     6G 研究           6G (R21)

                     5G Advanced      5G Advanced(3GPP R21)
                     (3GPP R20)

2024   2025   2026   2027   2028   2029   2030   2031
```

至 2024 年 3 月 Ericsson 認為 3GPP R21 會提充正式 6G 標準

圖片來源：作者提供

CHAPTER 2

6G 技術標準進度與走向

6G 仍需要數年時間才能底定標準，而後試行，最終正式商業化營運，現階段為各方的先期研究與技術提案。即便如此，針對這些先期研究與提案進行觀察，也可以窺探到未來 6G 正式到來的若干面貌。

與過往相同的，新一代的行動通訊變革既包含前端應用也包含後端運作，前端應用是家戶、個人、企業立即可以感受到的益處，但後端的運作轉化也不容忽視，本章將同時對 6G 的前後端可能發展進行探討，雖無法預先掌握全貌，至少不會在正式版出爐時感到突兀意外。

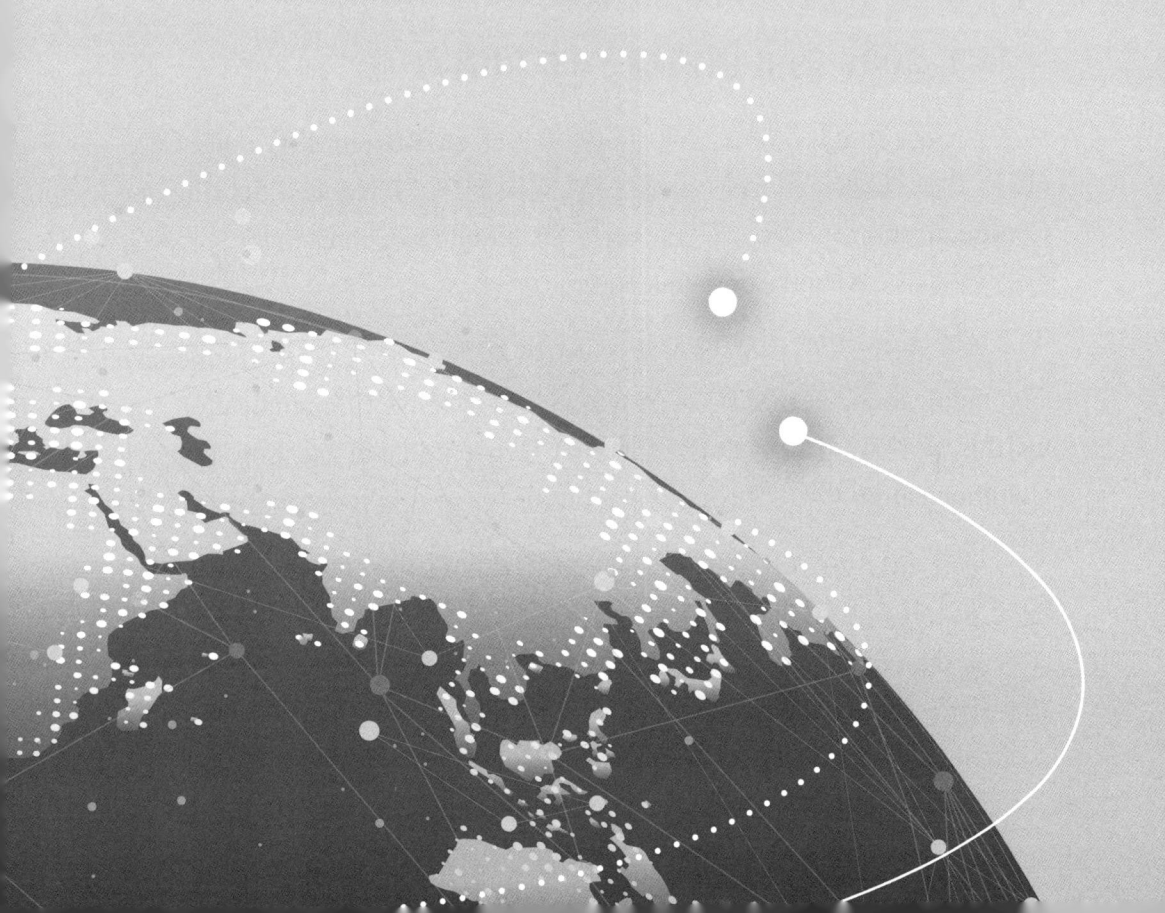

CHAPTER 2　IMT-2030 設定 6G 情境與能力

前面我們談及 4G 與 LTE 的些微差距，更具體說是國際電信聯盟（ITU-R，R 為 Radiocommunication Sector）制訂了名為 IMT-Advanced（International Mobile Telecommunications）的標準，但該標準是設定一個期許，真正的實現技術則由 3GPP 組織訂立。

類似的，5G 也由 ITU-R 訂出名為 IMT-2020 的標準，而後透過 3GPP R 系列的增訂來達到 IMT-2020 的要求；6G 也是如此，由 ITU-R 訂出名為 IMT-2030 的標準，然後持續對 3GPP R 系列標準增訂來滿足 IMT-2030 的設定。

• IMT-2030 的 6 種情境、15 項能力

前面談及 5G 主要有三種通訊情境，即 eMBB、mMTC、uRLLC，6G 以此為基礎再增三種，即整合感測與通訊（Integrated Sensing and Communication）、無所不在的連接（Ubiquitous Connectivity）、人工智慧與通訊（AI and Communication）。

而原有的三項也必須升級，eMBB 成為沉浸式通訊（Immersive Communication）、mMTC 成為大量通訊（Massive Communication）、uRLLC 成為超可靠與低延遲通訊（Hyper Reliable and Low-Latency Communication）。

另外 IMT-2030 也要求通訊技術能力的強化與擴充，共計有 15 項要求，其中 9 項是以原有 5G 再行強化而成，例如尖峰資料傳輸率（Peak data rate）過去就有要求與提升，在 6G 需要更提升，或如頻譜利用率（Spectrum efficiency）過去即有要求提升，6G 將持續。

另外有 6 項是為 6G 而新增，例如開始提供定位（Positioning）功能，可以達到 1 公分至 10 公分的精準定位，或通訊上須能善用人工智慧相關能力（Applicable AI-related capabilities）等。這些要求估計 3GPP 也難一次到位，要多次增訂修訂才能實現。

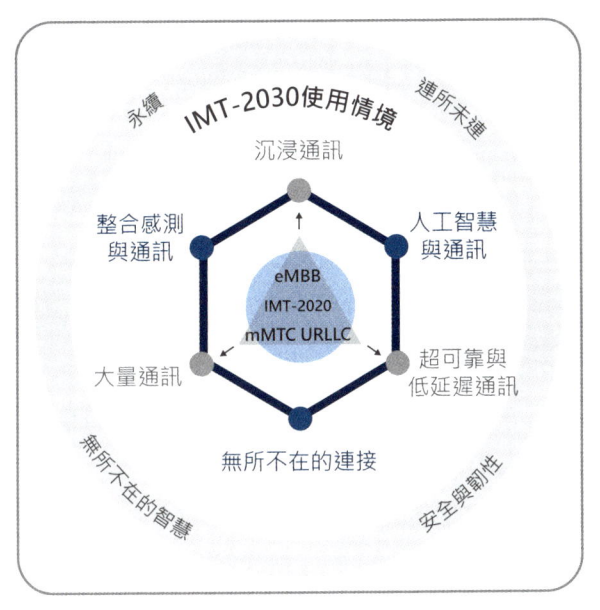

IMT-2030 主張把 6G 擴展成 6 種使用情境

圖片來源：ITU-R

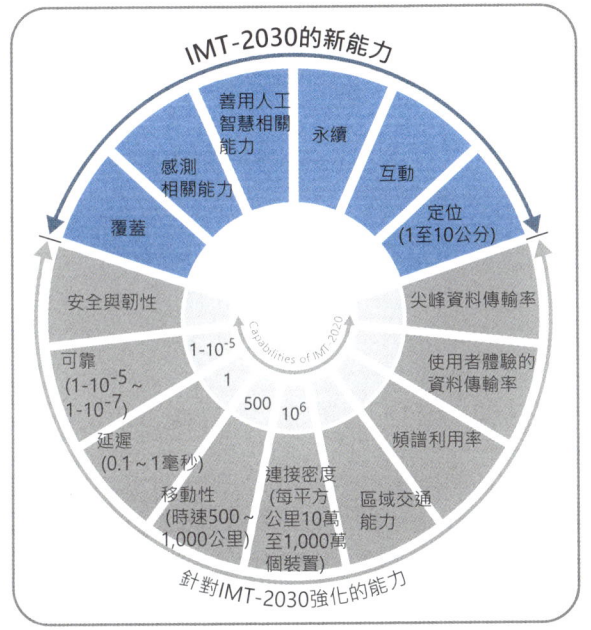

IMT-2030 主張 6G 應有的 15 項能力

圖片來源：ITU

CHAPTER 2-17

6G 估計以 Phase 之名分兩階段實現

2018 年 3GPP R15 頒佈後有了 5G，之後陸續有 R16、R17 等增補修訂版，但到了 R18 時 5G 又進入一個中期更新階段，稱為 5G Advanced，或也稱 Beyond 5G（B5G），事實上早於 4G/LTE 時也有類似的中期提升用詞，即 LTE Advanced，簡稱 LTE Adv.、LTE-A（註），更後續也有 LTE Advanced Pro。

創立這些詞有其用意，由於直接向使用電信服務的廣泛大眾訴求 3GPP R 系列標準更新，該次更新帶來哪些新技術並可望實現何種服務，對大眾而言過於學名也艱澀難懂，理想上直接對大眾訴求 4G、5G 等簡單詞句自是理想，但確實技術尚未達到一個大改朝換代，以 G 為名的推廣只能多年使用一次，故有諸多衍生的簡單的推廣用詞，如 B4G、Pre-5G、5G Advanced、B5G 等。

- **階段性技術實現漸成常態**

若依據規劃，6G 標準要到 R20 才會進入前期研究（Study）階段，即便樂觀也僅是提前在 R19 進入前期研究，首次正式標準在 R21，但即便是 R21 也很難一次讓所有眾多技術提案到位，故 R21 高程度只會是第一階段（Phase 1, Ph1）的標準，更之後的 R22 才進入第二階段（Ph2）。

不僅 6G 如此，5G 也是在 3GPP R15 時歸算為 Phase 1，R16 才算 Phase 2，近年來其他的無線通訊標準也有類似作法，如無線區域網路（4G、5G 等屬於無線廣域網路，覆蓋範圍大於區域網路）Wi-Fi 也曾以 Wave 1、Wave 2 為分別進行兩階段的技術提升。

3GPP標準的持續頒佈與推進

2017	2018	2019
TSG# 75 76 77 78	TSG# 79 80 81 82	TSG# 83 84 85 86

Rel.14 St.3 延伸

Relese 14

Rel.15 Stage 1

Rel.15 Stage 2

Relese 15 (5G Phase 1)

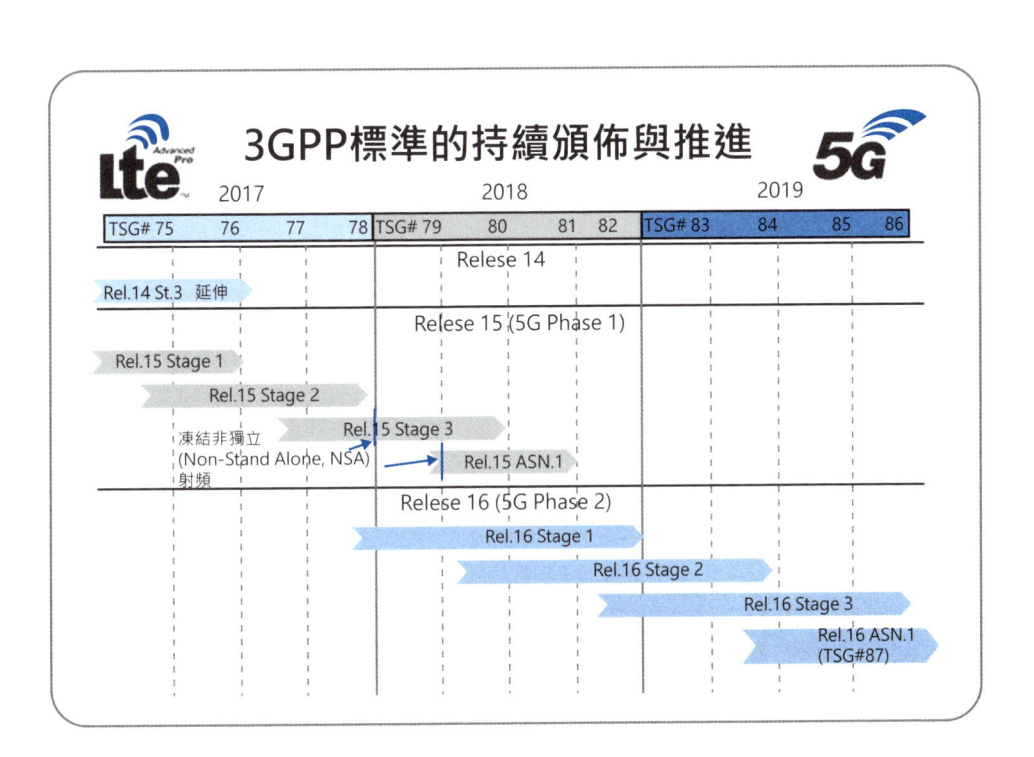

凍結非獨立 (Non-Stand Alone, NSA) 射頻

Rel.15 Stage 3

Rel.15 ASN.1

Release 16 (5G Phase 2)

Rel.16 Stage 1

Rel.16 Stage 2

Rel.16 Stage 3

Rel.16 ASN.1 (TSG#87)

5G 區分出 Phase 1、Phase 2 的階段性發展規劃，估計 6G 會比照

圖片來源：3GPP

CHAPTER 2-18 為引導 6G 願景 NGA、NGMN 等多家新聯盟成立

與過往 3G、4G、5G 不同，6G 有許多新成立的機構或產業聯盟，提前為 6G 技術提案佈局而熱身，頻頻公開提出其主張，如芬蘭奧盧大學（University of Oulu）創辦了 6G Flagship 並在 2019 年 10 月提出全球首部 6G 白皮書。

而後有新一代聯盟（Next G Alliance, NGA）、新一代行動網路（Next Generation Mobile Network, NGMN）聯盟、6G SNS IA（6G Smart Networks and Services Industry Association，或寫成 6G-IA、6G IA、6GIA）等的陸續成立，並前後發表其 6G 主張，透過這些主張提前影響與引導各界，6G 應如何描繪願景，以及運用何種先進技術實現此願景。

這些聯盟有若干區域色彩，如 NGA 以美國業者發起與主導為多，6G SNS IA 則以歐盟業者為多，其他也包含印度 Bharat 6G 聯盟、日本 Beyond 5G（雖然名稱不是 6G）推進聯盟、南韓 K-Network 2030 等，難以盡數。

• 重量級設備商、營運商不可小覷

即便不是由區域或國家發起、主導，全球也有諸多既有行動通訊領域的重量級電信設備商、電信營運商也同樣預先佈局 6G，設備商如中國大陸的華為（Huawei）、營運商如日本的 NTT DOCOMO（或寫成 DoCoMo）等。

重量級業者不僅與機構聯盟一樣積極地發佈願景報告、白皮書，期提前引導各界對 6G 有一致性的想像，同時國家與業者也加緊 6G 專利佈局，至 2023 年 8 月以中國大陸的專利數領先，美國緊追於後。

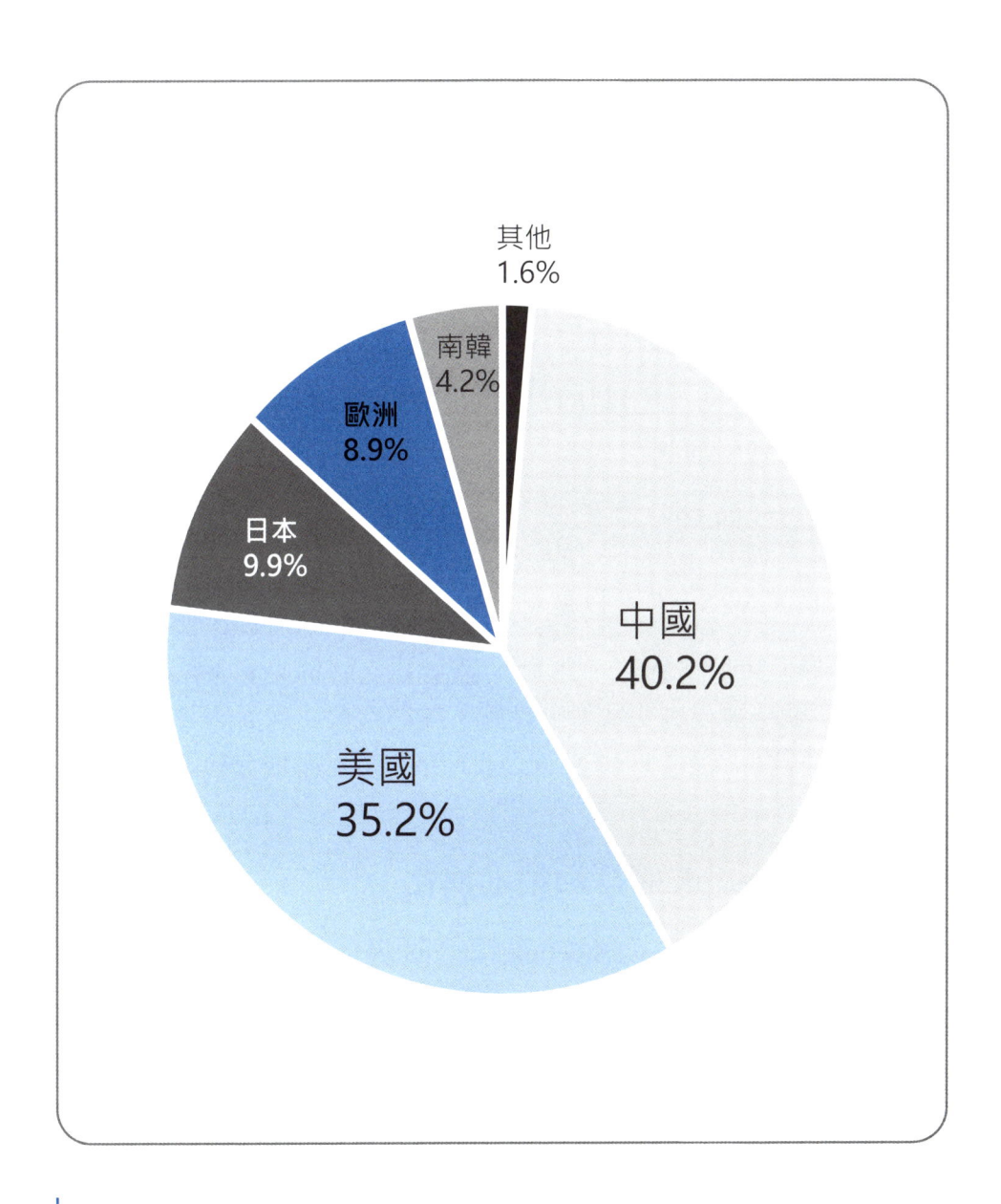

其他 1.6%
南韓 4.2%
歐洲 8.9%
日本 9.9%
美國 35.2%
中國 40.2%

2021 年位於日本東京的研究機構株式会社サイバー創研（Cyber Creative Institute Co., Ltd）發佈其 6G 核心技術專利研究的國別佔比

資料來源：Cyber Creative Institute

CHAPTER 2 / 19

加強裝置直接互連的側鏈（Sidelink）技術

此前我們已在 LTE Direct 中帶到 D2D（Device to Device）概念，即裝置不透過基地台轉傳，而是讓裝置（註1）間直接互連，此概念在 LTE 標準的晚期（3GPP R12）與 5G 時獲得進一步強化，因而有了側鏈（Sidelink）技術。

LTE Direct 的 D2D 主要是為了區域鄰近的人能相互幫忙，但 Sidelink 在應用上有不同的著眼點，Sidelink 主要是因應車聯網（Vehicle to X, V2X，X 可以是 V、P、I 等不同對象）應用。

由於車與車（V2V）、車與交通號誌（Vehicle to Infrastructure, V2I，交通號誌被視為公眾基礎設施）間必須盡速溝通傳遞資訊，若兩裝置的傳遞距離更近，就沒有必要凡事都透過基地台轉傳，如此容易緩不濟急，故傾向直接互連。

• 6G 版 Sidelink 將持續精進演化

4G 晚期、5G 就有的 Sidelink，但 6G 得到了延續與強化，例如加入中繼功能、不連續接收功能，如此基地台的傳輸流量控制品質（Quality of Service, QoS）將更佳且更省電。

另外 4G、5G 開始具備載波聚合（Carrier Aggregation, CA）技術（註2），該技術主要是用於 eMBB 傳輸服務，以便行動上網、行動觀看視訊等應用有足夠的資料傳輸率，而研議中的新提案也期望讓 Sidelink 也善用載波聚合技術，以便讓 V2X 應用有更充沛的傳輸頻寬。

其他精進方向也包含減少通訊干擾、更動態靈活地調配互連所需的頻譜資源，屬後端運作性的精進強化。Sidelnk 的精進也間接呼應 6G 所重視的更低傳輸延遲性。

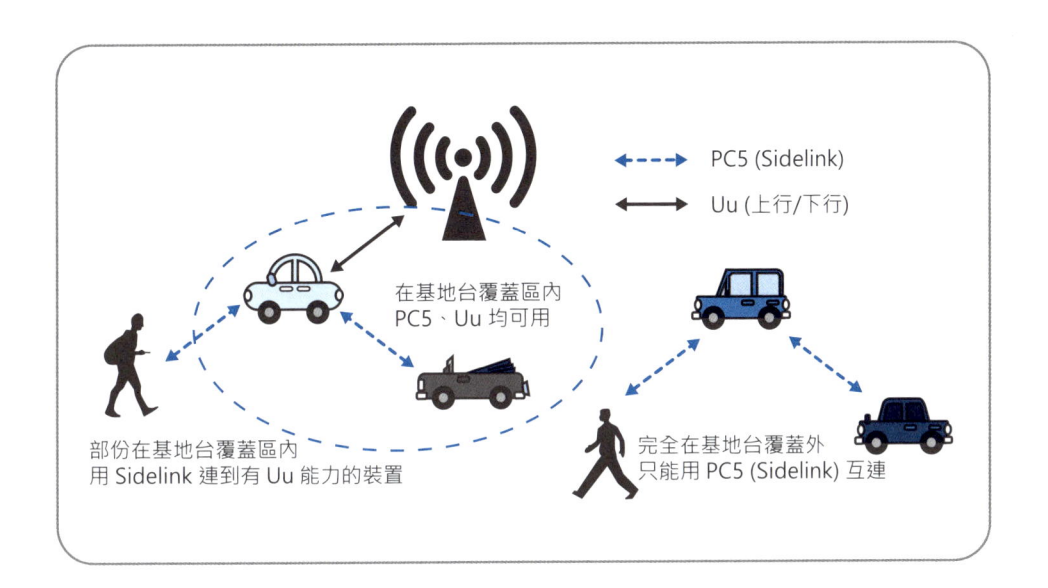

> PC5 (Sidelink)
> Uu (上行/下行)
>
> 在基地台覆蓋區內
> PC5、Uu 均可用
>
> 部份在基地台覆蓋區內
> 用 Sidelink 連到有 Uu 能力的裝置
>
> 完全在基地台覆蓋外
> 只能用 PC5 (Sidelink) 互連

基地台與裝置間的上行、下行連線稱為 Uu，裝置之間直接互連稱為 PC5（Sidelink）

圖片來源：MDPI

註 1：在行動通訊領域，終端用戶裝置也稱為使用者設備（User Equipment, UE），或稱為移動站（Mobile Station, MS），此為相對於基地台（Base Station, BS，中國大陸稱為基站）的稱呼。

註 2：載波聚合技術能給終端用戶帶來明顯的頻寬提升感受，故雖然載波聚合為通信領域的技術名詞，許多電信服務商也在連鎖服務店面貼出海報，海報文案中即標榜該公司的服務已用上載波聚合技術。

CHAPTER 20

非地面網路（NTN）高掛基地台

時至今日基地台的信號覆蓋仍大程度在人口稠密區，到了荒山野嶺很容易沒信號，認為沒有人煙就沒有必要設置基地台，碰到短時間人口增多（墾丁春吶、立法院外抗議等）就增設臨時基地台，但人群散了後就撤收。

不過 4G/LTE 開始進入跨入物聯網領域，逐漸在森林裡埋設溫度感測器以偵測可能的森林大火，在長途輸油管的各段都裝設壓力感測器以偵測可能的外洩，這些地方鮮少人煙，但感測數據需要定期讀取，也就有架設基地台的需要。

然而基地台覆蓋面積小，很多時候是因為建物阻隔的因素，如果能將基地台高吊，覆蓋面積將大增，因此 6G 開始提出非地面網路（Non Terrestrial Networks, NTN）的主張，甚至不用等到 6G，B5G 就已開始主張。

• 信號反射鏡或高掛基地台

想把基地台長時間高掛天空，目前最可靠的作法是運用衛星，一是把衛星當成信號反射鏡，A 地面基地台對天空衛星發射信號，衛星再把信號轉傳到遙遠另一處的 B 地面基地台。

另一是衛星本身就是基地台，這需要發射全新開發的 6G 基地台衛星到太空軌道上，如此就可以在高吊的空中達到廣泛面積覆蓋的效果。另外目前想在飛機、郵輪上通話上網，其實也是運用衛星通訊，但是是專屬高價技術，6G 衛星通話上網預計能更標準平價。

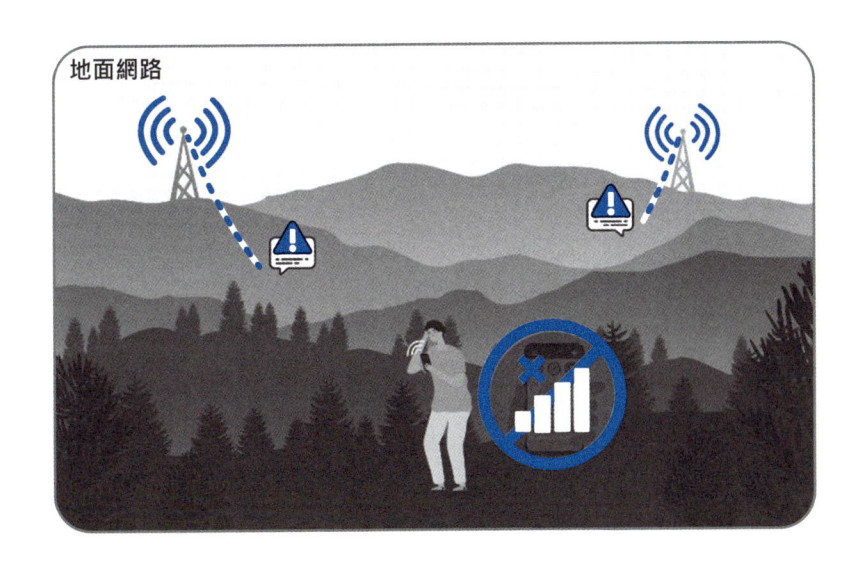

地面基地台覆蓋面積有限，荒山野嶺容易沒信號

圖片來源：三星 Samsung

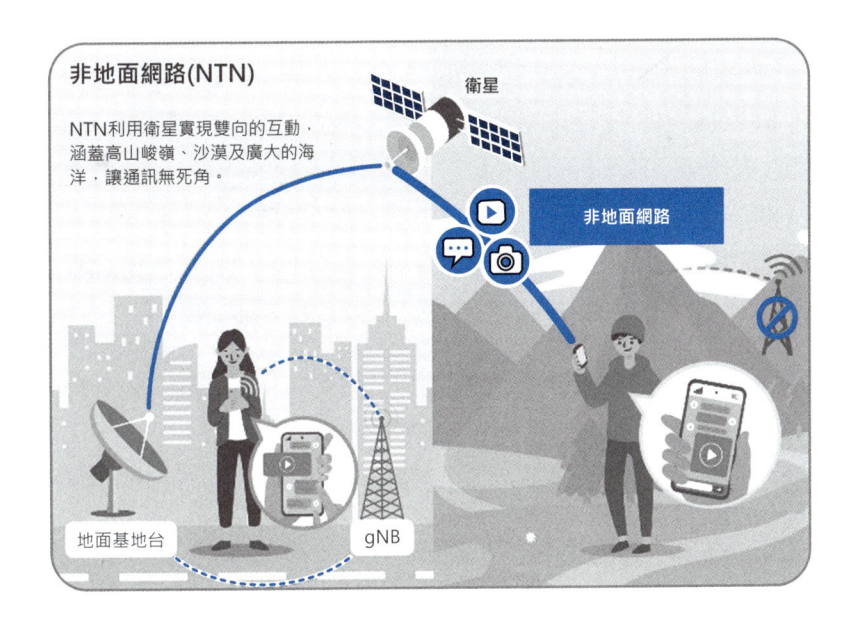

運用衛星建立起 NTN 非地面網路，信號覆蓋面積大幅擴展

圖片來源：三星 Samsung

CHAPTER 2 ▸ 21

高空平台（HAPS）新興基地台高掛法

要用衛星來充當 6G 基地台就必須要用火箭發射衛星，發射成本高昂，過去火箭發射一次就拋向外太空，成本極高，而太空梭（Space Shuttle）雖可多次往返太空，但在連續事故後也已經全面停飛。

近年來 SpaceX 發展火箭運載載酬（payload，或稱荷載）到指定軌道後火箭推進器可回地球著陸，並再次循環使用，加上業界積極將衛星小型化、輕量化，一次火箭升空就能釋放多顆衛星，使衛星佈建成本大減。

- **尋求更平價的高空方案**

如何把基地台長時間高掛且低成本，各界開始嘗試各種變通實現方式，例如 Google 曾嘗試把 4G/LTE 用熱氣球方式高吊，約可以連續支撐 50 多天，或有 Facebook 嘗試打造無人滑翔機，機翼上配置太陽能板，期許無人機能長時間滯空，這些似乎都比發射火箭來的低成本，這些新嘗試在 6G 領域也被稱為高空平台（High Altitude Pseudo Satellite, HAPS），技術主張上與前述的 NTN 相呼應。

事實上早於 2019 年中華電信即與雷虎科技合作，運用雷虎的無人機將基地台高掛，如此可充當臨時基地台，短暫因應災區需求，升空 100 公尺已能提供 36 平方公里的覆蓋，遑論更高的氣球與滑翔機。

簡言之，如何用更盡可能低廉的方式，讓基地台盡可能長時間高掛，快速擴大通訊覆蓋面積，大幅降低覆蓋成本，即為 6G 努力的方向。

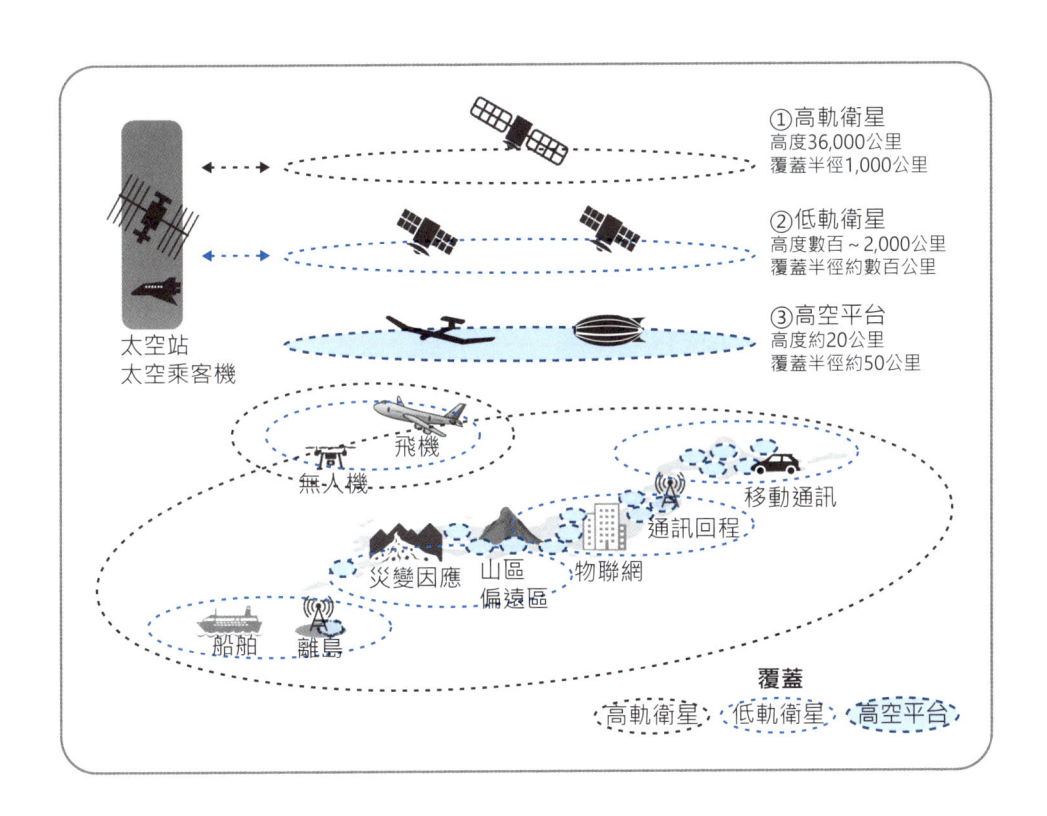

6G 高空平台示意圖

圖片來源：日本電子情報通訊學會

CHAPTER 22 盡力滿足 6G 低延遲的低軌衛星（LEO）

衛星依環繞軌道的高低分成高軌（Highly Elliptical Earth Orbit, HEO）衛星（註）、中軌（Medium Earth Orbit, MEO）衛星、低軌（Low Earth Orbit）衛星，高軌多半用於研究觀測，中軌則通常用於導航（如 GPS），低軌則用於通訊。

高軌衛星軌道位置高，一顆即可覆蓋地球大範圍面積，三顆就能覆蓋全地表（嚴格而言只要兩顆，另一個為確認），相對的中軌衛星需要數十顆（GPS 約 24 顆），低軌衛星甚至要達數百、上千顆。

另外軌道越高受地心引力影響越小，衛星不需要快速移動來擺脫地心引力，故軌道越高的衛星使用壽命通常越長，如 10 至 15 年以上，而低軌衛星約只有數年壽命，例如 5 年左右。

- **低傳輸延遲為首要考量**

由於發射衛星成本高昂，而三顆高軌衛星就能覆蓋地表，所以在太空中佈建三顆 6G 基地台衛星是最省覆蓋成本的，理論如此，但實務上卻需要用最大量、最短命的低軌衛星來佈建 6G 基地台。

因為 6G 要求更少的傳輸延遲，人們要的是每秒都能有互動對話的短訊，而不是一小時後來 100 則短訊。6G 高標要求僅有 0.1 毫秒延遲，低軌衛星約在 2 毫秒至 27 毫秒，也是難以滿足，但對於一些 6G 物聯網應用仍可接受（如 mMTC）。相對的，中軌約在數十毫秒、高軌約在數百毫秒，更難滿足 6G 要求。

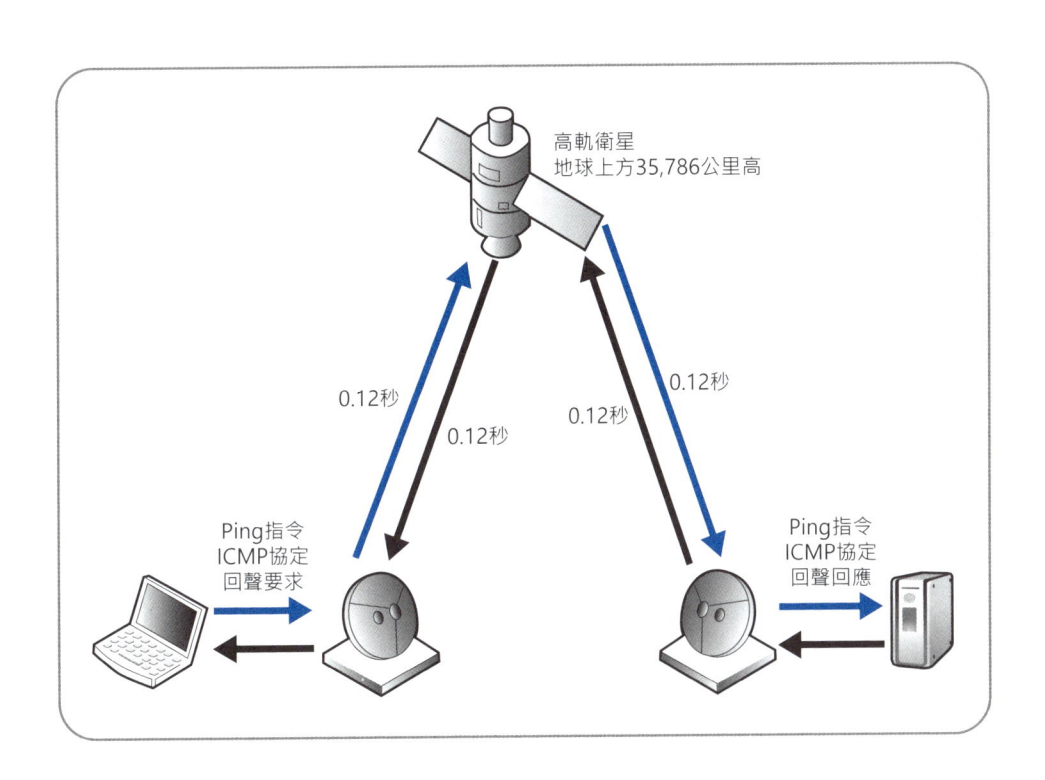

高軌衛星傳輸往返延遲達 0.24 秒（即 240 毫秒）

圖片來源：Satoms.com

註：高軌衛星也稱高橢圓軌道衛星或同步（Geostationary Earth Orbit, GEO）衛星，主要是它與地球自轉同步轉動，如同在空中靜止不動。

CHAPTER 2 ▶ 23

太赫茲（THz）等級的頻譜運用

過去 2G 行動電話主要為二頻（900/1800MHz）、三頻（900/1800/1900MHz），但隨著行動寬頻的需要，必須使用更高的無線頻段來實現高資料傳輸率，因此 3G、4G 均不斷動用更高頻率，如 2.14GHz（即 2140MHz）、3.GHz，甚至到 5.89GHz，5G 更是用到了 20GHz 至 50GHz。

既然 6G 需要再次提升傳輸率，自然也望向了更高頻率，即所謂的太赫茲（Tera Hertz, THz），或譯為兆赫茲，但中文名的使用並不普及，通常還是以 THz 來書寫、稱呼。1THz 等於 1,000GHz，不過一般太赫茲波段是指 0.1THz 至 10THz 的範疇（註）。

事實上頻率的增加就意謂著波長（Wavelength）的縮短，以及電波的指向性更強，6G 所謂的精密定位功能，也有部份是借助數十 GHz 以上的短波長（30GHz 以上的頻率已讓波長降至毫米等級，俗稱毫米波 mmWave，milli-meter），並搭配信號強度、演算法等來實現。

· **目標遠大，技術挑戰重重**

使用更高頻率達到更高傳輸率是目標理想，但技術實現上卻有諸多現實困難，包含功耗高、相關元件單價昂貴（構成系統要價達數十萬美元）、發波器難以小型化、發波後功率急遽下降難以傳遞到夠遠的距離，以及無法以室溫（需要零下的低溫）環境運作等。

即便如此各界仍努力研究以求突破，在研究可行後才可能將其提交給 3GPP，將其納入技術提案，最終通過審議成為正式 6G 標準。

電磁輻射頻譜

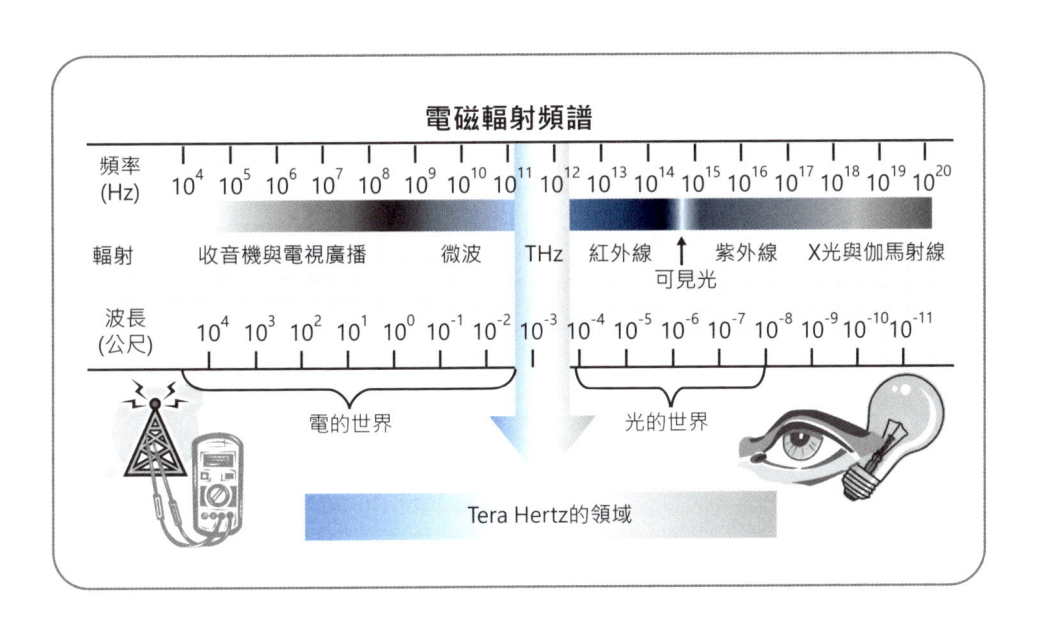

頻率(Hz)	10^4 10^5 10^6 10^7 10^8 10^9 10^{10} 10^{11} 10^{12} 10^{13} 10^{14} 10^{15} 10^{16} 10^{17} 10^{18} 10^{19} 10^{20}
輻射	收音機與電視廣播　　微波　　THz　紅外線　↑　紫外線　X光與伽馬射線 可見光
波長(公尺)	10^4 10^3 10^2 10^1 10^0 10^{-1} 10^{-2} 10^{-3} 10^{-4} 10^{-5} 10^{-6} 10^{-7} 10^{-8} 10^{-9} 10^{-10} 10^{-11}

電的世界　　　　Tera Hertz的領域　　　　光的世界

Tera Hertz 在電磁頻譜中位於微波與可見光之間

圖片來源：FZU 捷克科學院物理研究所

註：低於 1THz 稱為 Sub-THz，中文或譯為次 1THz，6G 預計使用 Sub-THz、THz。

CHAPTER 2-24 可重構智慧表面（RIS）輔佐 6G 基地台

前面提到電波愈高頻愈有指向性，這意味著更容易遭到建物阻擋而通訊失效，對此須在弱信號區增設地面基地台，或開始設想基地台高吊。

不過增設基地台意味著增加成本，高吊基地台也同樣高成本，即便火箭能循環回收使用一樣高昂，且一枚低軌衛星在太空軌道上也僅能運作 5、6 年，之後報銷墜毀，至於熱氣球、滑翔機等技術也尚未成熟。

因此業界開始倡議可重構智慧表面（Reconfigurable Intelligent Surface, RIS），或稱智慧反射表面（Intelligent Reflecting Surfaces, IRS）（註），這是一種將多個波長反射元件以方塊方式建構的陣列模組，每個元件可獨立、智慧調控，能依據接收的電波波束信號能量與角度網路控制強波器。

• 各方肯定並投入 RIS 研究

RIS 與基地台一樣佈建在公眾場合，基地台於高位，RIS 則設置在建築牆面，形同一種信號反射鏡，如此能用較低的成本達到與增設基地台一樣的覆蓋效果，同時享有高頻的高傳輸率。

RIS 已經獲得許多國際標準組織肯定，如 3GPP、歐洲電信標準協會（European Telecommunications Standards Institute, ETSI）、中國通信標準化協會（China Communications Standards Association, CCSA）等，而行動通訊的設備商、營運商也積極投入研發。

為了讓裝設 RIS 盡可能不影響原建物（外掛於牆面或換替原牆面材料），也有業者嘗試將 RIS 與玻璃結合，總之仍在各種技術嘗試階段。

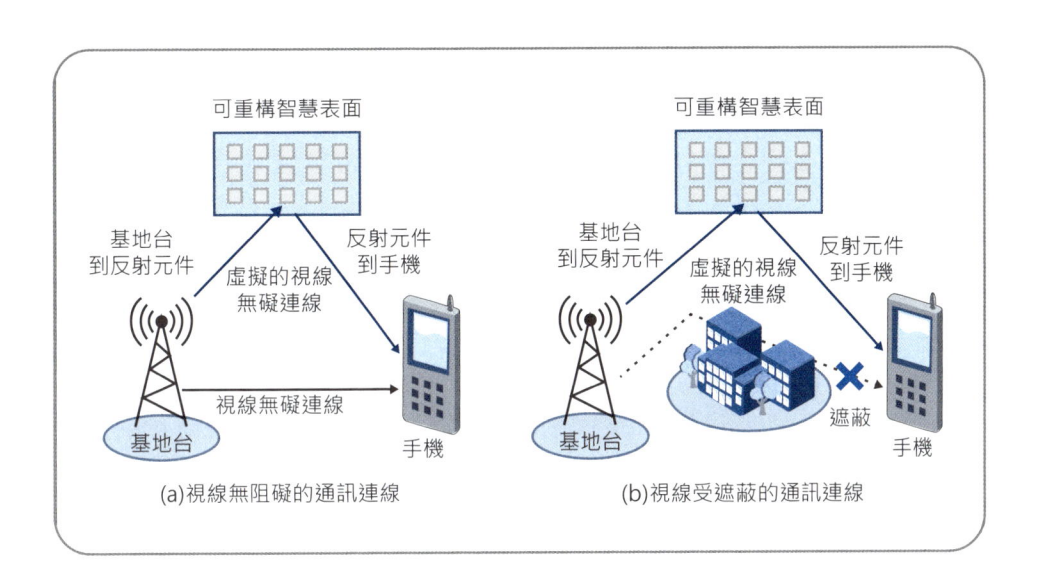

```
┌─────────────────────────────────────────────────────────────────┐
│         可重構智慧表面                    可重構智慧表面              │
│          □□□□□                         □□□□□                │
│          □□□□□                         □□□□□                │
│          □□□□□                         □□□□□                │
│    基地台    ↗   ↘ 反射元件        基地台    ↗   ↘ 反射元件         │
│   到反射元件 虛擬的視線 到手機     到反射元件 虛擬的視線 到手機       │
│          無礙連線                      無礙連線                    │
│      📡                📱            📡      🏢    ✗   📱        │
│         視線無礙連線                          遮蔽                  │
│      基地台            手機         基地台             手機         │
│    (a)視線無阻礙的通訊連線          (b)視線受遮蔽的通訊連線           │
└─────────────────────────────────────────────────────────────────┘
```

RIS 技術示意圖

圖片來源：MDPI

註：其他稱呼也包含可重構反射表面（Reconfigurable Reflecting Surfaces, RRS）、智慧表面（Smart Surface）、智慧反射陣列 (Smart reflect-arrays)、透射超表面（Transmissive Metasurfaces）、大型智慧超表面（Large Intelligent Metasurface, LIM）、軟體控制超表面（Software-controlled Metasurface）、軟體定義表面（Software-Defined Surface, SDS）及被動式智慧表面（Passive Intelligent Surface , PIS）。

CHAPTER 2
25 基地台雷達化的感測與通訊整合（ISAC）

既然無線通訊的頻率越來越高、指向性越來越強，其實也意味著基地台越來越像是個雷達（Radar），過去基地台發出電波是為了讓手機接收，反之基地台接收來自手機的電波，而雷達化則是指基地台發波後，電波碰到物體或環境後反彈，接收到來自各方向、能量不一的回波，再對回波進行推導運算，就可以知道周遭環境狀態，這是過往 4G、5G 不易實現的，此稱為感測與通訊整合（Integrated Sensing and Communications, ISAC）。

要實現感測與通訊整合不僅是高頻，基地台還要同時有多組天線發波，接收的天線也同樣要多組，如此同一個回波在不同的接收天線上有不同的接收時間與接收能量，而後要有強大的運算力將多組回波信號同時交叉比對運算，才能對該次回波的結果給出評斷結果，例如是一面牆、是一個正在走動的路人等。

● 多天線技術至為關鍵

同時運用多組天線收發電波，此稱為天線陣列（Antenna Array）或陣列天線（Array Antenna），也稱為多進多出（Multiple-Input and Multiple-Output, MIMO）或智慧天線（Smart Antenna）。

行動通訊並非到 6G 才使用多天線，打從 LTE、4G 即有，但 6G 必須用及更多組天線、收發運算工作更繁重。附帶一提，若基地台也透過其他裝置（如汽車）取得更多感測回波資訊從而更精確推斷物體、環境，此稱為 JCaS（Joint Communication and Sensing，或寫成 JC&S）。

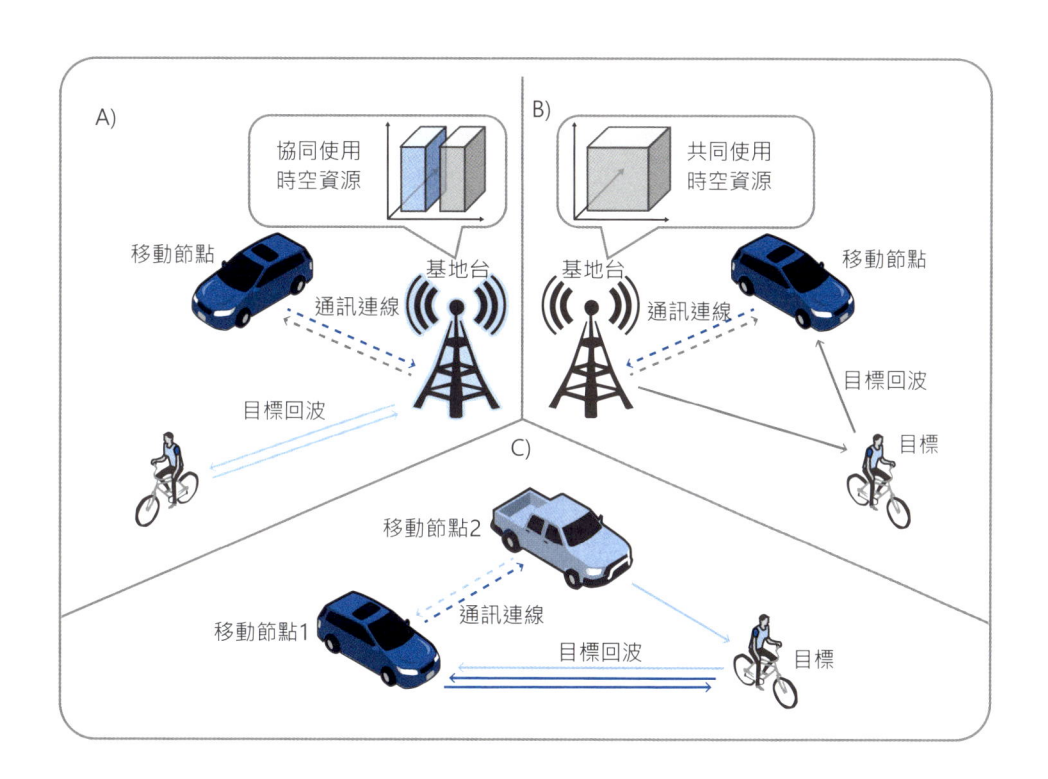

三種 JC&S 系統架構：A) 一個基地台與一個移動節點（在此為車輛）並運用正交波來感測；B) 使用一個基地台、一個移動節點並用 JC&S 波來感測；C) 沒有基地台下使用一或多個節點來感測

圖片來源：VDE

CHAPTER 2-26 可見光通訊（VLC）、太空雷射通訊（LCS）

前述已展示了電磁波頻譜圖，在圖中也可發現：從老舊過時的收音機、無線電視一路走來，往更高頻率運用確實是技術趨勢。而比 THz 更高的是紅外線、可見光等領域，若持續高頻則會進入紫外線、X 光、伽馬射線等，不過紫外線、X 光、伽馬射線對人體有害，估計短期內無法用於通訊。

但是比 THz 高頻的可見光仍是可用（對人體無害），運用可見光的亮滅來傳輸資訊即稱為可見光通訊（Visible Light Communication, VLC），或稱無線可見光通訊，以此與有線的光纖（同樣運用光的亮滅）通訊有所區別。6G 預估會用上 VLC 技術，而不再只是使用無線射頻技術。

- **無線雷射通訊**

進一步的，6G 也可能用上雷射（Laser，大陸稱激光）無線通訊技術，其傳輸率更勝現有無線射頻，特別是用於衛星間通訊或衛星與地面站的通訊，稱為太空雷射通訊（Laser Communication in Space, LCS）。事實上前述的 Facebook 無人滑翔機也嘗試過用雷射通訊。

此外雷射通訊也比射頻難竊截資訊，通訊保密性高；或收發器體積相對較射頻小巧，重量輕巧，更適合用於高度苛求容積、重量的衛星上。

然與前述 THz 相同的，雷射通訊現階段也有技術挑戰，如易受大氣影響，雲、霧可能會讓收發效率大減甚至中斷，而收發間難竊截的另一面即是收發難對準，此均待克服。

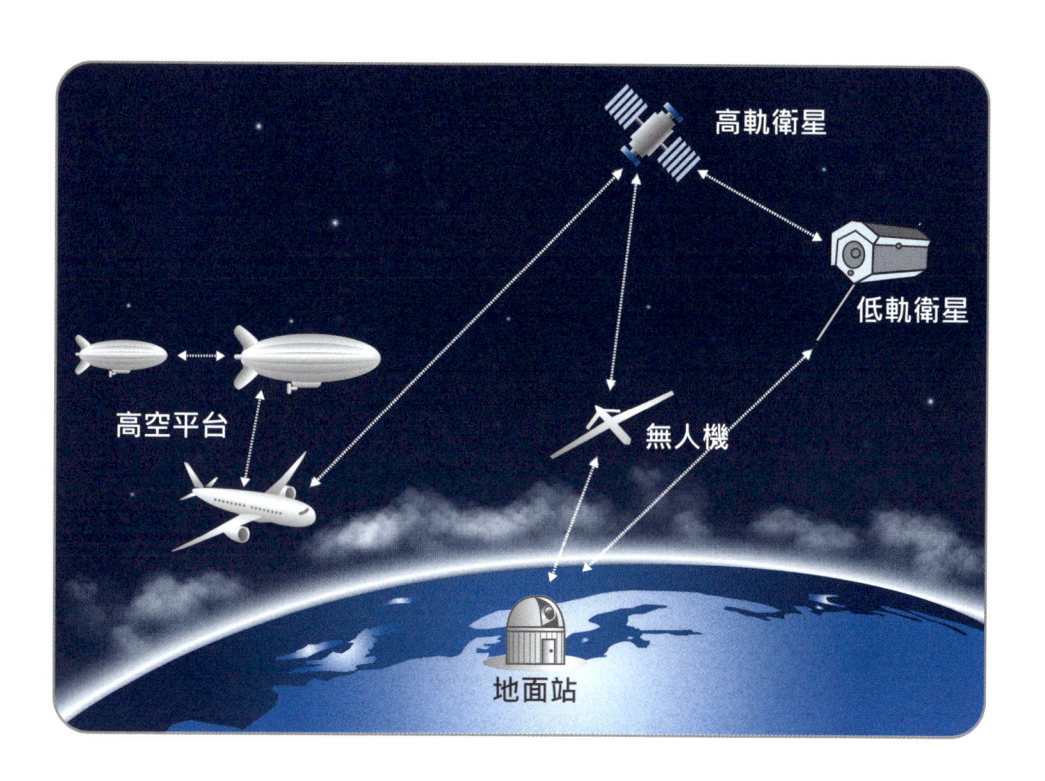

太空無線雷射通訊示意圖

圖片來源：海因里希赫茲研究所（Heinrich-Hertz-Institut, HHI）的弗勞恩霍夫（Fraunhofer）電信研究所

CHAPTER 2 27 人工智慧物聯網（AIoT）、邊緣人工智慧（Edge AI）

既然用 4G、5G 實現物聯網（IoT），自然也會用 6G 實現物聯網。而近年來物聯網逐漸融合運用人工智慧（Artificial Intelligent, AI）技術，如此稱之為人工智慧物聯網（AIoT），即 AI 與 IoT 兩字複合而成。

在行動通訊領域使用 AIoT 主要是在核網（Core Network）部份，將最前端大量的感測數據集中收容到核網後，再對數據用 AI 進行推論研判，從而判斷現場可能發生的事態，或用來預測哪個感測位置可能已故障損壞，或不久的將來即將損壞，從而事先因應、檢視、換修等。

・6G 強調向前擴展人工智慧

AIoT 只在核網運用 AI，但行動通訊自 5G 開始也引入了邊緣運算，即將部份的核網功能改放置到鄰近基地台的位置，稱為行動邊緣運算（Mobile Edge Computing, MEC）（註），這只要是為了滿足 5G 要求的低延遲（Low-Latency），若凡事都要連到物理位置上最後端的核網，那傳輸往返時間必然增加，難以達到低延遲的要求。

既然核網因 AIoT 而開始導入人工智慧，而 5G 之後基地台附近也具備部份核網功能，那麼在鄰近基地台的核網系統上也有必要導入人工智慧，此稱之為 Edge AI。

既然後端的核網導入人工智慧、中段的基地台核網也導入人工智慧，是否可能在最前端的行動裝置也導入人工智慧？例如手機導入、感測器導入等，答案是肯定的，此稱為 On-Device AI、TinyML。更廣義的說 6G 希望達到 AI Everywhere。

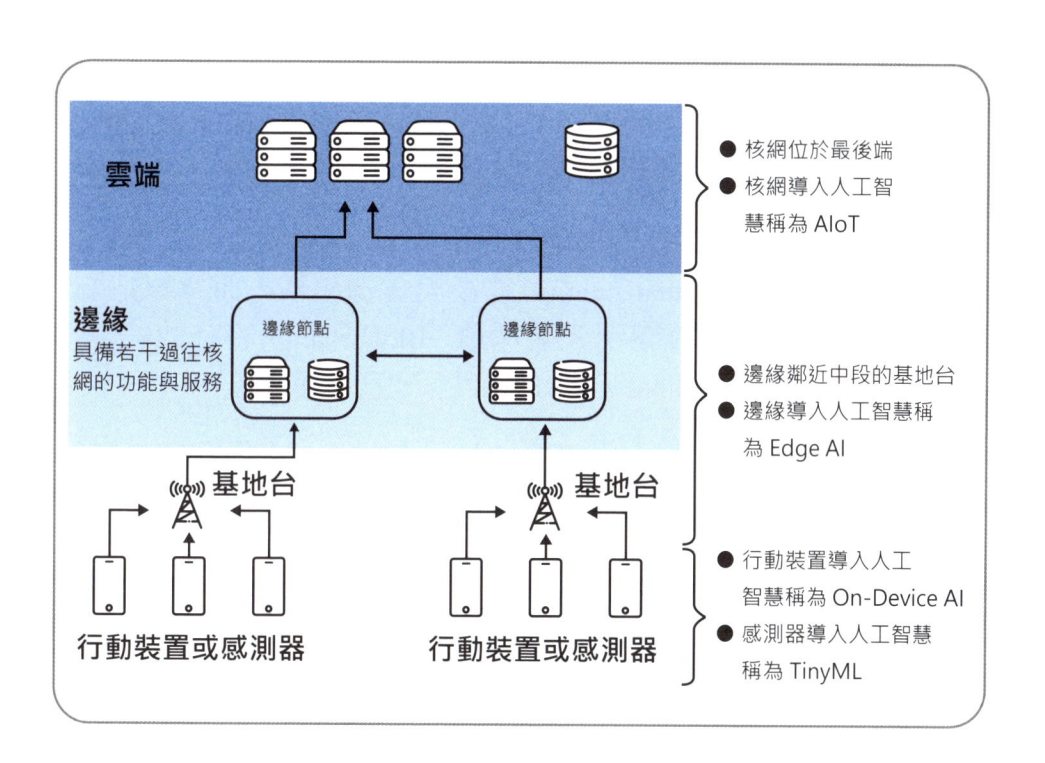

Edge AI 示意圖

圖片來源：Appinventiv

註：MEC 也有人主張為多存取邊緣運算（Multi-access Edge Computing），但訴求的功用與本質與 Mobile Edge Computing 無異。

CHAPTER 28

引入區塊鏈（Blockchain）、分散式帳本（DLT）技術

既然前述提到 6G 將廣泛引入人工智慧，其實也就意味著：所有最時興的資通訊技術（Information and Communication Technologies, ICT）都有機會納入 6G 標準提案中。

事實上 4G 已經在後端核網部份引入 Internet 技術與架構，5G 也引入了虛擬化（Virtualization）技術與雲端架構，而今 6G 也必然引入人工智慧，如此再引入區塊鏈（Blockchain）、分散式帳本（Distributed ledger Technology, DLT）技術也就不難想像。

更廣義而言，5G 引入的邊緣運算已有弱化、分散化傳統核網的意圖，而區塊鏈、分散式帳本（註）的技術重點即是去中心化（Decentralization），可讓核網進一步的分散與轉化。

• 核網將更穩、更安全

6G 引入區塊鏈必然從後端核網開始，後續也可能擴展到中段基地台的邊緣運算，甚至是前端的裝置上，但即便只先用於核網端也有諸多益處。由於採行去中心化作法，當某處的核網服務因意外（如火災、停電等）失效時也能很快由他處的核網接手。

或者今日資安攻擊（Cyber Attack）猖獗，集中式的系統一旦被駭客（Hacker，中國大陸稱為黑客）或駭客集團攻破，大量商業機密與隱私即可能外洩，這也是今日三天兩頭即有重大個資外洩新聞的原因。

而引入去中心化後，核網資料（甚至服務）分散於多個位置，駭客難以攻破各分散位置的系統，攻入單一或少數系統也只能獲得難以理解的片段資料，如此資安防護性即提高。

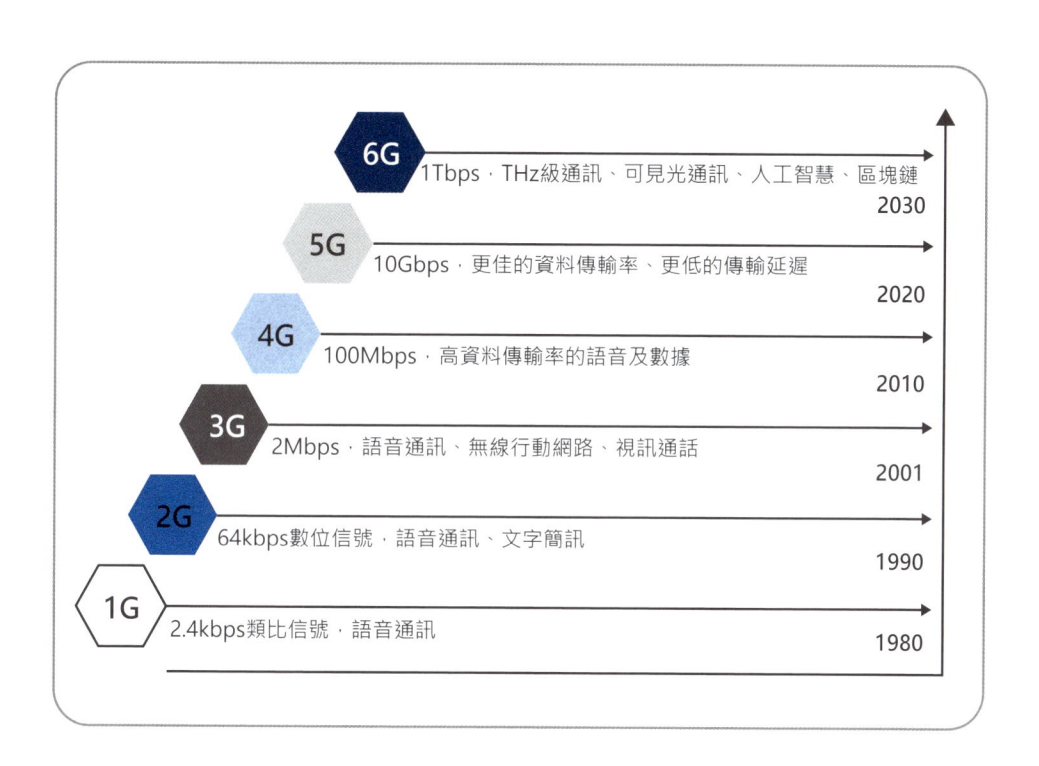

世代	規格	年份
6G	1Tbps、THz級通訊、可見光通訊、人工智慧、區塊鏈	2030
5G	10Gbps、更佳的資料傳輸率、更低的傳輸延遲	2020
4G	100Mbps、高資料傳輸率的語音及數據	2010
3G	2Mbps、語音通訊、無線行動網路、視訊通話	2001
2G	64kbps數位信號、語音通訊、文字簡訊	1990
1G	2.4kbps類比信號、語音通訊	1980

6G 可望引入區塊鏈技術

圖片來源：MDPI

註：嚴格而論技術本質為分散式帳本，區塊鏈僅是分散式帳本的一種，但由於區塊鏈過於盛名，故談論時經常要先帶出區塊鏈一詞。

CHAPTER 2-29 後量子密碼（PQC）、量子金鑰分發（QKD）

由於量子電腦（Quantum Computer）技術的不斷精進，未來數年若量子位元數（Qubit）持續增加，將有望輕易破解現行普遍使用的非對稱密碼，即 RSA（Rivest, Shamir, Adleman）、ECC（Elliptic Curve Cryptography）等加密演算法。

為避免被輕易破解有多種因應方式，一是改用另一種傳統電腦、量子電腦都無法輕易破解的新演算法，此被稱為後量子密碼（Post-Quantum Cryptography, PQC），另一是改行量子加密通訊（可輕易偵測到通訊竊聽從而防範），要建立量子加密通訊前必須先配發金鑰，此稱為量子金鑰分發（Quantum Key Distribution, QKD）。

由於 6G 將在未來數年到來，屆時量子電腦已可能輕易破解非對稱密碼，故現階段就必須考量新的加密防護手法。

• 衛星可見光通訊已成功實現 QKD

PQC 與 QKD 都能抵禦量子運算破解，但 QKD 需要全新的網路設備，相對的 PQC 對現行系統的衝擊與修改較小，然考慮到 5G 升級到 6G 也形同整套系統的重新佈建換裝，故用上 QKD 的機會也會提高。

更重要的是，QKD 初期是以實體通訊線路方式實現，如陸面光纖，但在數年前已成功運用實驗衛星以無線光通訊方式實現 QKD，加上未來 6G 也有機會用上衛星通訊、無線光通訊，如此 6G 更有機會搭配 QKD。

有關量子通訊網路我國同樣有進展，2023 年 5 月國科會與清華大學宣佈完成我國首座量子通訊網路，後續發展值得期待。

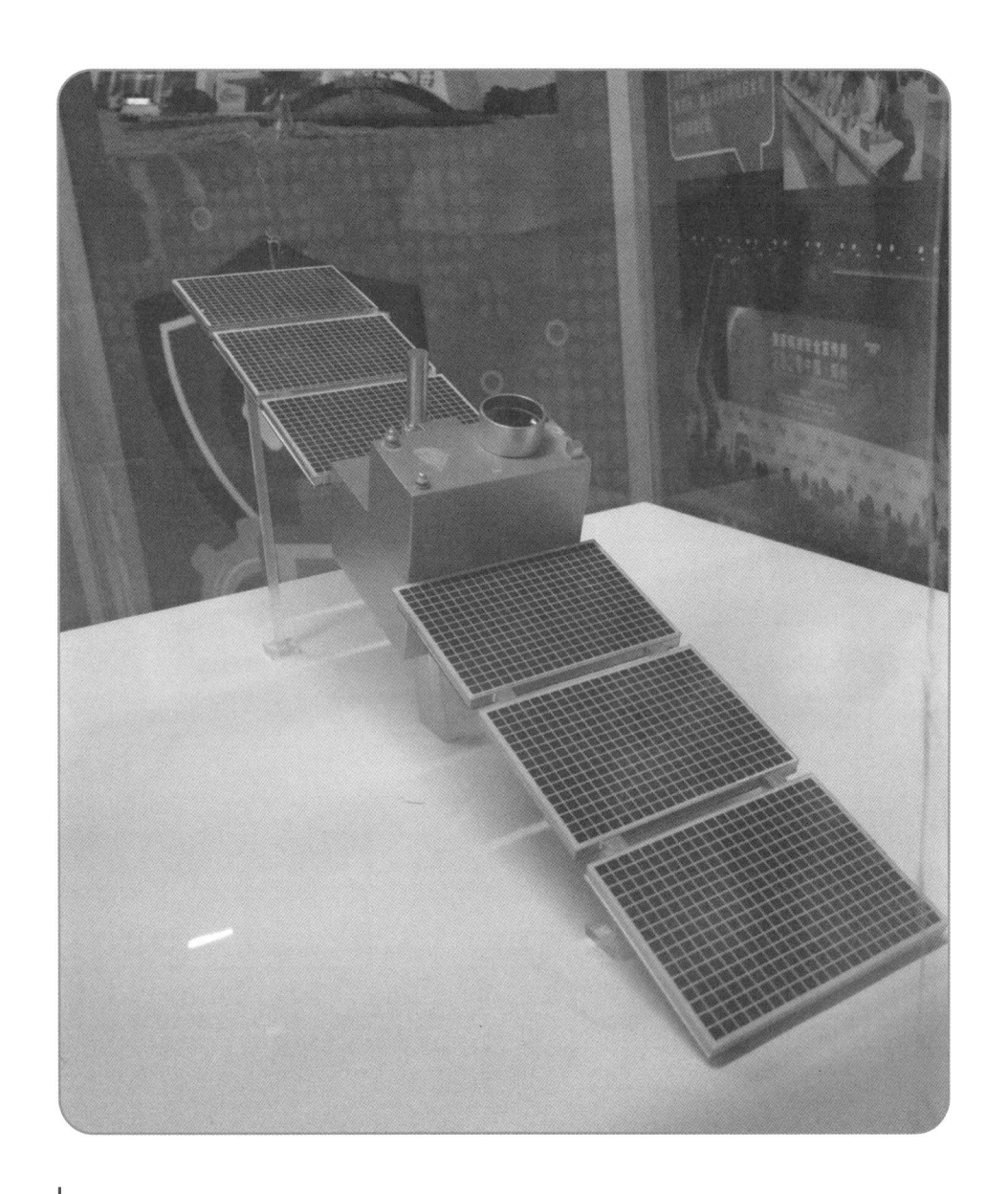

量子科學實驗衛星墨子號（圖為模型）完成量子加密通訊

圖片來源：當代中國

CHAPTER 2

別驚訝！7G 已進入討論階段

6G 標準尚未定案，離試行及商業化營運尚遠，為何各界已開始討論 7G？對此從兩方面來解釋。

首先是行動通訊的世代競爭愈來愈激烈，過往 2G 是芬蘭諾基亞（Nokia）、瑞典愛立信（Ericsson）、德國西門子（Siemens）、法國阿爾卡特（Alcatel）的天下，2G 標準與技術專利也多由歐商主導。

但進入 3G 後美國高通（Qualcomm）反成專利主導者，4G/LTE 更是讓日本、南韓、中國大陸均進場角逐，也因為英國電信（BT）使用華為的 4G 設備，此成為 2018 年底美國對中國掀起貿易戰的一個主要開端。而 5G 定案不久各界很快進入討論 6G，比過往世代換替後更快討論新一代。

・服務多元化、覆蓋廣泛化

另一個讓各界不敢掉以輕心的原因是，在相同的覆蓋區內不斷增加各種新服務，通話上網影片遊戲等已是基本，物聯網、穿戴式電子也不在話下，同時地理覆蓋範圍也即將因高空平台、衛星等而大幅擴張，對社會的影響力正在深化，若不能在未來的 6G、7G 佔有一席之地，潛在損失將是巨大。

2023 年 6 月位於日本廣島的七大工業國組織（G7）高峰會就有「Beyond 5G/6G era」議題的討論並產生宣言（The G7 Digital and Tech Ministers' Declaration）；2021 年日本國立研究開發法人情報通信研究機構（National Institute of Information and Communications Technology）（註）也宣稱開發出 6G、7G 基地台均可用的節能技術。由此可知即便是 6G 未定案下 7G 也不容輕忽！

各國領袖參與 2023 年位於日本廣島的 G7 高峰會照

圖片來源：日本外務省官網

註：Information 日本多翻譯成「情報」，中國大陸則翻譯成「信息」。

CHAPTER 3

6G 未來願景與全向應用

對產業從業者而言，談論 6G 技術與標準已能感受到其變革性，但對於行動通訊的用戶而言，無論是企業、機構組織、家戶乃至個人，談論技術與標準仍可能有隔靴搔癢之感。

對用戶而言，需要有讓前述各種「深奧、高空技術」有「落地、接地氣、飛入尋常百姓家」的感受，因此本章將說明多種 6G 可望帶來的新型態應用，讓大眾更容易想像與感受到 6G 技術與標準所能發揮的威力，以及 6G 可能如何改造社會機能、形塑工商服務，乃至提升個人與家戶的便利！

CHAPTER 31

沈浸式體驗
(Immersive Experience)

所謂沉浸（immersion）就是身歷其境，目前作法是讓人配戴上智慧眼罩、智慧頭盔，眼罩或頭盔內的顯示器可以給眼睛全視角的即時動態畫面，使人感覺進入另一個世界，或稱虛擬實境（Virtual Reality, VR）。

全視角的即時動態畫面需要強大的資料傳輸率才能實現，否則會缺乏流暢感、真實感，對此目前主要有兩種傳輸方式：HDMI（High Definition Multimedia Interface）（註）有線傳輸或 WiGig（Wireless Gigabit）的無線傳輸。

在視覺、聽覺身歷其境後，伴隨而來的需求是肢體、姿態轉變或簡單移動，以便與虛擬環境互動，然而 HDMI 有線容易阻礙配戴者移動，使體驗變差；WiGig 無線雖沒有阻礙問題，但 WiGig 技術推行多年未果，原因之一在於初期的高單價導致銷售有限，銷售有限也就難透過量價均攤效益讓產品降價，未能產生正向旋吸效果，僅在利基領域運用。

• 6G 目標是實現免購免裝且平價的 VR

WiGig 無法普及另一個原因是傳輸距離過短，多在 10 公尺內，家戶必須自己購買與裝設 WiGig 收發器，其他與 WiGig 類似定位的無線技術產品也類似，而 6G 想達成的目標之一就是取代 WiGig 與類似產品，用家戶外的 6G 基地台覆蓋到室內，達到跟 WiGig 相近的高傳輸率，省去家戶自購自裝，且 6G 具有更強大的標準化量價均攤效益，使沉浸式體驗享受既無礙且平價（6G 的目標）。

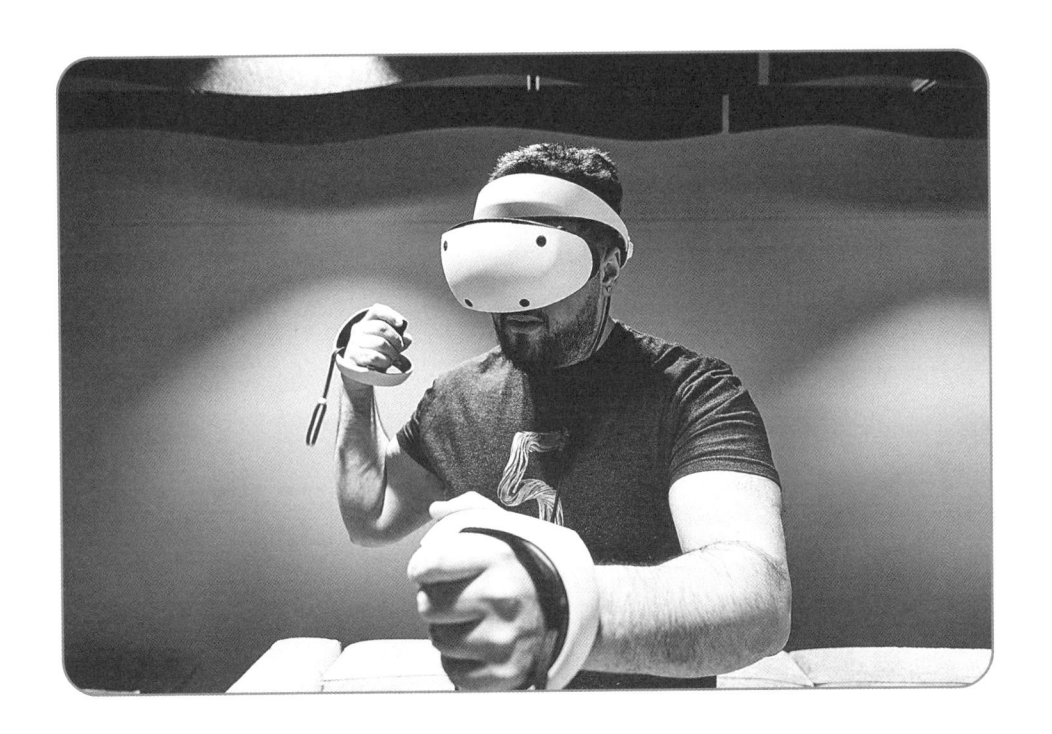

SONY PlayStation VR 頭盔帶來沉浸式體驗

圖片來源：Trevor Raab

註：HDMI 可譯成「高清晰多媒體介面」，但譯名並不普遍使用。

CHAPTER 32

擴展實境（XR）、元宇宙（Metaverse）

前面談及虛擬實境（VR），但相信許多人也聽過擴增實境（Augmented Reality, AR）、混合實境（Mixed Reality, MR）、延伸實境（eXtended Reality, XR）等，這些雖非 6G 技術的主軸，然在此仍些許說明一下。

擴增實境（AR）是運用虛擬技術來增強現實世界，如手機相機對準自由女神像，手機畫面會標示出女神像高度 93 公尺、並發出語音說明其由來；或者飛機技師配戴智慧眼鏡觀看飛機內部，眼鏡上會標示哪個是 A 管線、哪個是 B 迴路，有助於真實世界的旅遊與維修。

而之前談到的虛擬實境（VR）是用數位技術虛構出一個現實不存在的空間世界，如電影《阿凡達》的潘朵拉星，虛擬實境對現實世界毫無影響。

● 透過虛擬對現實提供幫助

至於混合實境（Mixed Reality, MR）是現實與虛擬有互動影響，例如用任天堂 Wii 打體感遊戲，現實的肢體運動讓玩家在虛擬遊戲中獲勝。

不過體感電玩偏向增強虛擬，只影響遊戲分數，對現實世界沒有助益（肢體運動健身不算），若現實與虛擬的互動能對現實帶來助益則算 MR，如虛擬偶像初音未來的實體演唱會。另外延伸實境（XR）一詞泛指前述 AR、VR、MR 三者的涵蓋與混合。

此外 2022 年末興起的元宇宙（Metaverse）屬 VR、MR，單純線上虛擬空間互動體驗為 VR，若用虛擬空間實現多方化身遠距會議有助於實際商務推動則算 MR。

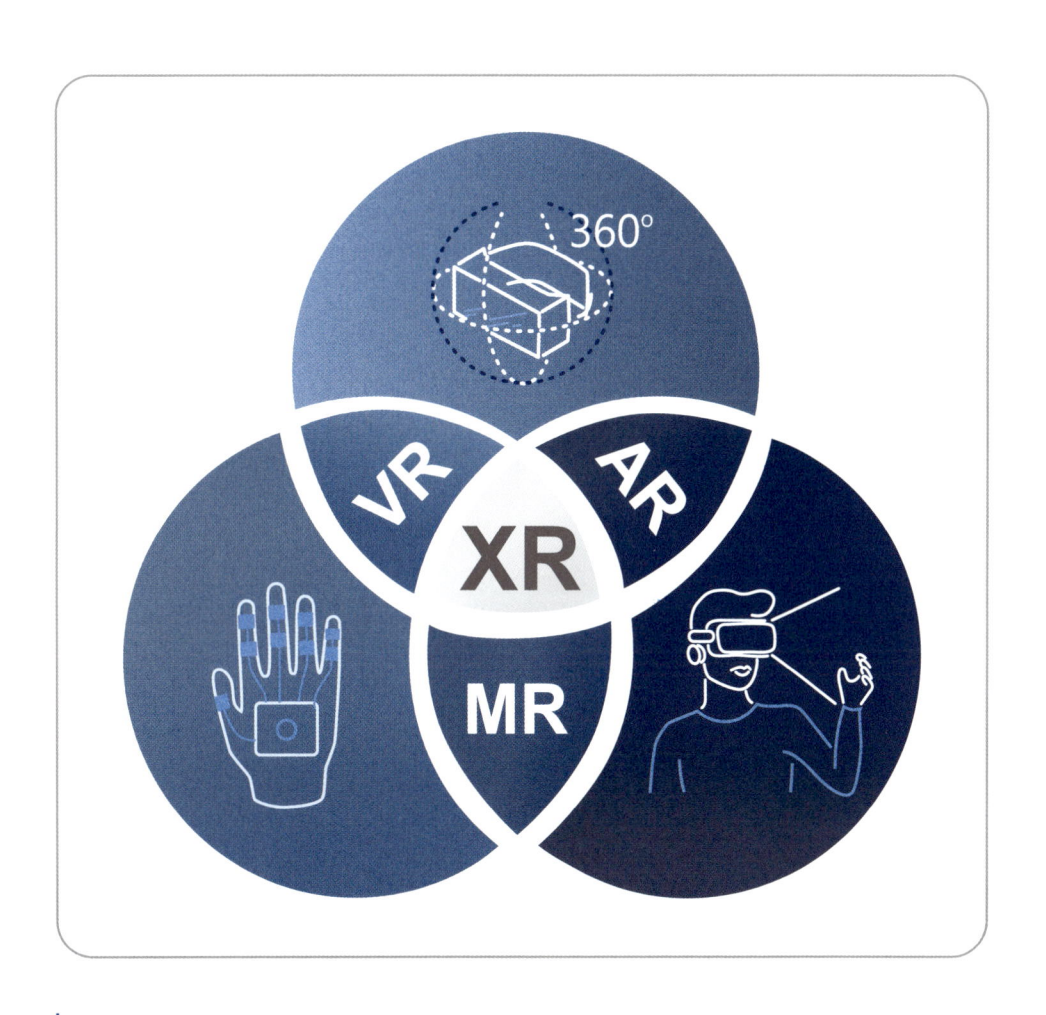

延伸實境（XR）指擴增實境（AR）、虛擬實境（VR）、混合實境（MR）三者的涵蓋與混合

圖片來源：MalaysiaKini

CHAPTER 3

33 數位雙生（Digital Twin）

數位雙生（或稱數位孿生）是將實體世界的物體、環境等的樣態形貌複製一份到虛擬實境中，如此便於溝通、監督或管理。

舉例而言，一個建築工地的某樓層外牆施工品質不佳，現場監工很難單純用話語跟建設公司內的經理人詳整說明，即便攤開平面藍圖指指點點也是很難直接感受，這時用數位雙生的立體虛擬實境呈現，並對說明處指向、標注等，雙方（或多方）才有更直覺的討論基礎。

類似的，一個偌大的船塢內有大船要維修保養，也適合用數位雙生溝通說明進度或困難處，生態水土保持的情境模擬說明也適合用數位雙生來呈現體會，其他如建物的監督管理、工廠產線的監督管理等也有需要。或許如常言的「一圖解千文」，一個數位雙生可能解千圖。

・6G 讓數位雙生離開固定桌面

與前述的沉浸式體驗相同，數位雙生也需要大量的顯示資料傳輸才能流暢呈現，目前主要透過實體寬頻線路來達成，然而未來在 6G 廣泛覆蓋下，運用 6G 的高速資料傳輸率，一樣可以實現數位雙生。

如此數位雙生就不再侷限於桌面，經理人可以在搭車過程中打開 6G 筆電，直接在筆電上呈現數位雙生，以更直覺精確的方式進行兩端、多端溝通，預計過往因無線傳輸率不足所產生的畫面模糊、卡頓將不復見。

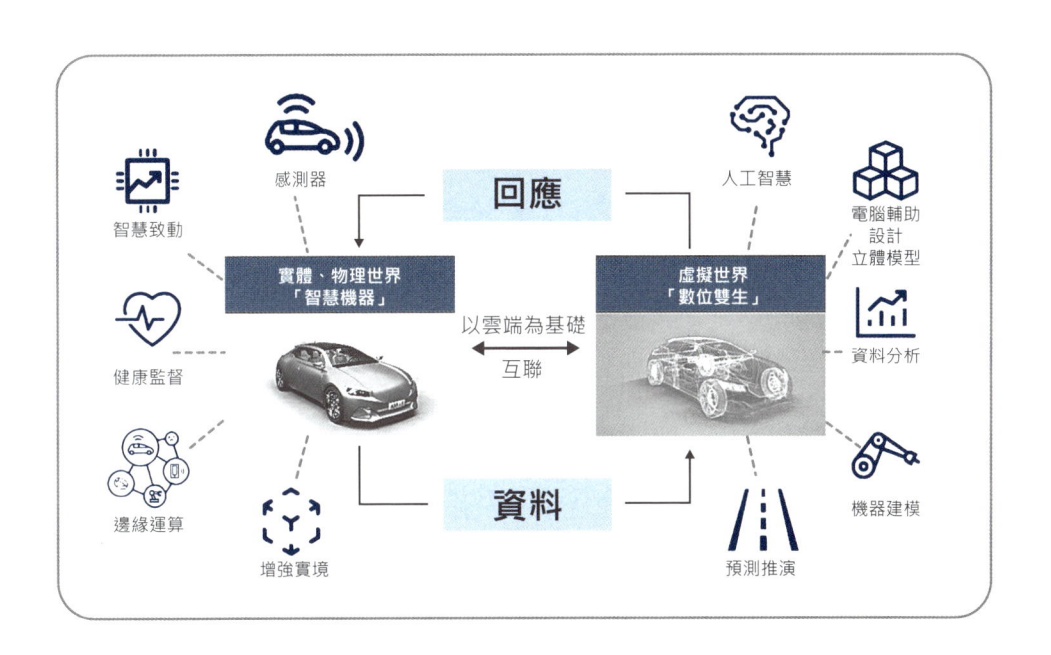

新創商 HEAVY.AI 運用 NVIDIA 的 Omniverse 實現其數位雙生方案 HeavyRF，HeavyRF 模擬呈現都市形貌以利電信商規劃、佈建無線基地台

圖片來源：HEAVY.AI

CHAPTER 3-34

遠距醫療看護、遠距手術 (Telesurgery)

6G 有了更高的傳輸率就能有更多的影像應用，其中就包含醫療影像，醫療影像如 X 光片、電腦斷層掃描（Computed Tomography, CT Scan）、超音波掃描、核磁共振（Magnetic Resonance Imaging, MRI）等，這些影像資料量龐大，而且不像消費性影音般允許壓縮，一旦壓縮即會失真，進而影響醫師的研判。

對於偏鄉、離島住戶而言，就診需要長時間的舟車往返，相當辛苦，而有了 6G 後可以只傳遞醫療影像到市中心、本島，並搭配遠端視訊會議性的問診互動，如此專業醫師在遠端就能進行診斷。與此類似的，也能運用於長期遠距健康看護上。

• 低傳輸延遲有望實施遠距手術

6G 另一特點是極低的傳輸延遲，目標為 1 毫秒（千分之一秒）甚至更短，如此有望實現遠距手術，醫師在遠端觀看高清晰的影像而後進行手部動作，動作訊號即時傳遞到另一端，透過精密的機械手臂實現相同動作，以此完成手術，如此需要用及 eMBB 的高資料量影像傳輸，同時也用上 uRLLC 的超低延遲控制命令傳輸。

事實上在 2021 年台中榮總即運用 5G 技術實現「達文西手術 5G 遠程協作」，達文西手術即是運用機械手臂實現傷口小、復原快的微創手術。而 6G 在傳輸率、傳輸延遲等表現上更勝 5G，估計能讓更多病患與醫師接受遠距手術（Telesurgery/Cybersurgery/Remote Surgery）。

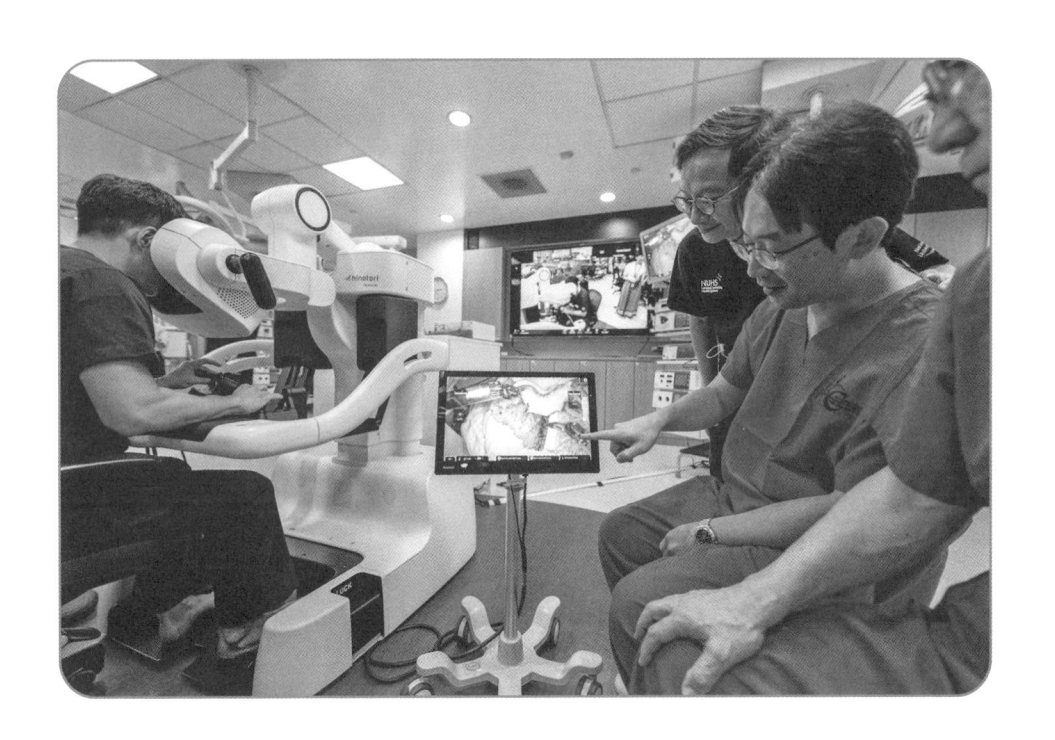

醫師運用新加坡的控制台操控遠在日本名古屋的機械手臂進行手術

圖片來源:新加坡國家大學醫療系統

CHAPTER 3

35 全息影像（Holographic Telepresence）

數年前電影院流行 3D 電影，觀眾必須配戴 3D 眼鏡才能感受到立體效果，許多人沒有配戴眼鏡的習慣，久了會覺得耳鼻酸而想取下，此後各界轉傾向推行裸視 3D（Naked-Eye 3D），即不用配戴眼鏡也有 3D 視覺效果。

在裸視 3D 中又以全息影像更具逼真效果，一般的裸視 3D 僅適用單人或少數人（例如沙發上的 3、4 人）單一角度觀看下具有立體效果，且大致就是在一個平面上帶來若干浮凸感、紙片般的前後層次感，而全息影像允許多數人從各種角度觀看都有立體效果，感覺就像實物在現場，適合博物館、演唱會等場合應用。

• 6G 可望加速實現全息影像

全息影像同樣需要強大的資料傳輸率才能實現，這同樣也是 6G 可以發揮的地方，依據我國聯發科技（MediaTek）在 2022 年公開發布的《6G 願景白皮書》中就有提到，6G 可以帶來極致的全息影像通訊（holographic communication）、觸覺通訊等，並認為這些將是殺手級應用（killer application）。

要注意的是，6G 通訊技術與服務對全息影像具有支持、推助的作用，但全息影像依然需要整體產業鏈、生態系統（ecosystem）等的配套發展才有機會成熟普及，這包含全息攝影、全息投影等硬體設備，也包含全像影像轉換、影像編輯等軟體工具，當然內容創作者、製作公司的表態也至為關鍵。

2023 年西班牙巴塞隆納的世界行動通訊大會（Mobile World Congress, MWC）上行動通訊服務商 Telefónica 展示全息投影技術，整個圓窗內其實空無一物，是倚靠全息投影產生影像

圖片來源：Telefónica

CHAPTER 3
36 定位與感測 (Localization and Sensing)

6G 的定位應用？是指給行車導航的全球定位系統（Global Positioning System, GPS）嗎？答案為否，GPS 定位有 5 至 10 公尺誤差，在寬闊行車上已足敷使用，而 6G 的定位如前述 IMT-2030 所主張的，是 1 至 10 公分的精準定位。

6G 地面基地台讓電波具高度指向性，電波發送後碰撞到物體產生回波，基地台接受到回波後，透過對回波的反射角度、能量進行衡量，就可以推算出物體的方位與距離，甚至是物體大小、移動方向與速度等。

- **精準定位應用多又多**

有了精準定位能力就有了更多應用可能性，用來計算工廠輸送帶已經過多少貨物了，這條街經過多少車流、人流，甚至是家裡的東西有沒有被人移動過，或用於長照看護，一旦有長者劇烈改變肢體動作極可能是跌倒，必須盡快關注。如果定位達到夠精密甚至可識別手勢，如此可透過手勢下達各種命令操控。

或許大家會說，工廠輸送帶上本有偵測器，街頭巷尾也有攝影機，長照機構也常在長者輪椅上或腰間配戴姿態感測器，從而得知長者是否跌倒，這樣還需要 6G 定位嗎？

答案恰恰相反，因為未來大程度都在 6G 通訊覆蓋範圍內，既然在範圍內，除了本有的通話、上網等服務外也增加定位服務，這樣就不需要再設置特有的輸送帶偵測器，少量高單價特定裝置逐漸被 6G 標準平價品取代。

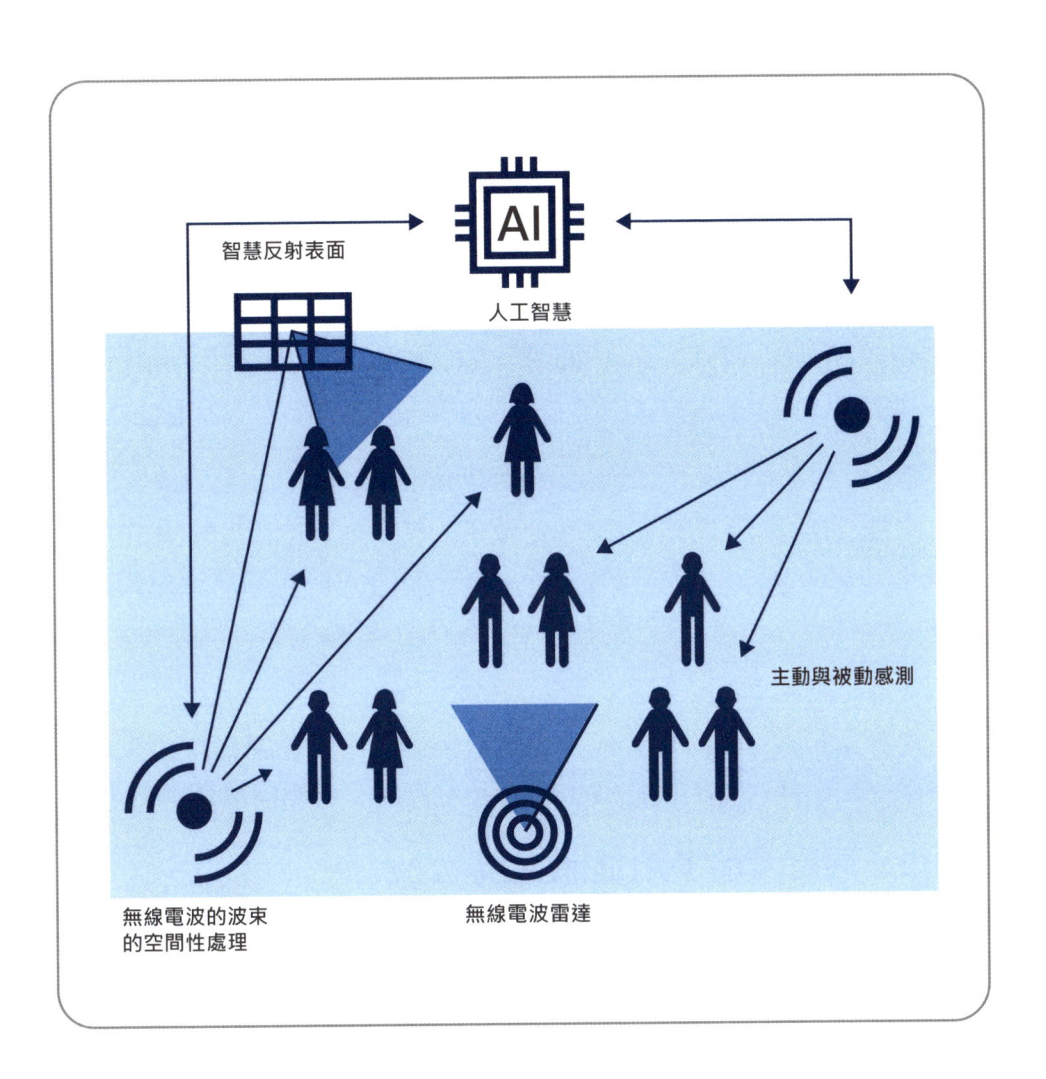

6G 將運用多種技術實現精密定位

圖片來源：6G Flagship

CHAPTER 3

蜂巢式車聯網（C-V2X）

▶ 37

車聯網一直是各界期許的目標，有多種通訊技術都期望實現此目標，經過多年的技術競逐後，近年來較受期許的技術有二：一是以無線區域網路（Wireless Local Area Network, WLAN）技術衍生而成的專用短距離通訊（Dedicated Short-Range Communications, DSRC），另一則是以行動通訊技術衍生而成的蜂巢式車聯網（Cellular-V2X, C-V2X）。

之所以稱為蜂巢式是因為一般的行動電話也稱為蜂巢式電話（Cellular Phone），此為偏研究學名性的稱呼。蜂巢的意思是指提供服務的基地台，其覆蓋區域是以類似六角形蜂巢狀的方式組構成大範圍的覆蓋。

事實上早於 4G/LTE 時代業界就已經倡議用行動通信技術來實現車聯網應用，5G、6G 僅是繼承此一努力方向的目標持續精進努力。

• V2X 同時考驗多項通訊表現

過往 4G/LTE、5G 依然難以全面實現車聯網（V2X）（註 1），而將此重責大任延續到 6G 上，主要是因為 V2X 需要同時考驗多項通訊能力，且均為高標要求，例如在車輛高速移動下仍必須保持通訊，這考驗基地台的換手服務能力；或者尖峰時段車流量大，也考驗基地台同時服務多輛車的能力；另外考慮到導航、圖資、自駕相關識別需求等，影像傳輸也不可少，資料傳輸量也將巨大。

而且，正因為高速行駛，許多服務傳輸必須高即時性，道路擁塞狀態的播報必須即時，否則來不及繞道因應，自駕影像傳輸也類似。6G 有更低的傳輸延遲，更有機會實現完整的 V2X 應用。

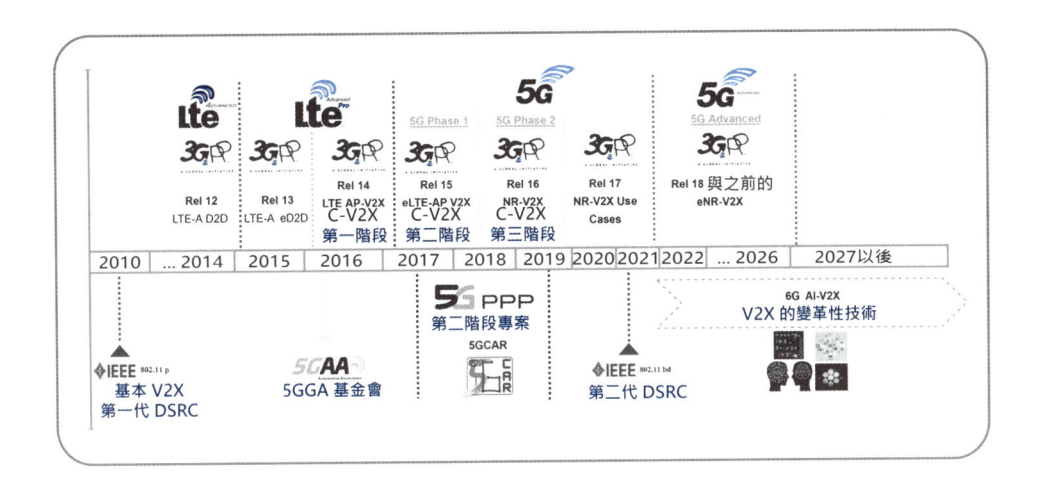

3GPP 針對車聯網（V2X）應用的標準制訂歷程

圖片來源：DIVA-Portal.org

	遠端操駕	先進操駕	車輛編隊	延伸感測器	車輛 QoS（註 2）支援
可靠性	99.999%	90%～99.999%	90%～99.99%	90%～99.999%	99.9%～99.999%
傳輸延遲	5 毫秒	3～100 毫秒	10～20 毫秒	3～100 毫秒	15～200 毫秒
傳輸率	上行 1Mbps 下行 25Mbps	10～53Mbps	50～65Mbps	10～1,000Mbps	4～500Mbps

車聯網（V2X）各應用情境下的通訊需求

資料來源：3GPP

註 1：有時車聯網也稱為 IoV（Internet-of-Vehicle），但仍以 V2X 較常見。
註 2：QoS 全稱 Quality of Service，直接翻譯成中文為「服務品質」，實際意涵是指通訊傳輸流量的控制，例如：A 通訊應當配置多少傳輸率與最低多少延遲，B 通訊應為多少、C 通訊應為多少，D 通訊結束後，釋出的頻寬應優先配置給哪個通訊等，諸如此類的流量調控。

CHAPTER 3 ▶ 38 智慧電錶（Smart Meter）、智慧電網（Smart Grid）

與車聯網（V2X）相同的，智慧電錶（Smart Meter）（註）與智慧電網（Smart Grid）並非是 6G 開始才有的應用話題，打從 2004 年業界就提出先進抄錶基礎建設（Advanced Metering Infrastructure, AMI），2008 年美國總統歐巴馬的振興經濟方案中也提及智慧電網。

2004 年提出的構想還在於佈建特有的無線通訊網路，如 ZigBee，而非沿用已普及的行動電話基地台，故推行有限。到了 4G/LTE 時代開始嘗試運用基地台來對申裝智慧電錶的用戶進行抄錶，但實務上也遭遇若干困難，如智慧電錶成本高於傳統電錶，電力公司成本負擔增加。

或者，智慧電錶不若傳統電錶需安裝電池，電錶不夠省電的結果是用戶或電力公司須每隔一段時間由人力去換電池，原有基地台自行抄錶取代人力抄錶的初衷打了折扣；或者基地台未能良善兼顧服務電錶與電話，服務電錶時通話或上網受影響，反之亦然。

• 6G 加速智慧電錶、電網的實現

6G 對裝置有更長的電池時間（Battery Life）、更長的待機時間要求，同時相同覆蓋面積內允許更多的裝置連線，這些均比過去更有助於實現智慧電錶、智慧電網應用。

一旦電力公司隨時掌握家戶用電，經時間記錄累積後，透過大數據（Big Data）分析便能精準預測各區用電，從而精準地進行發電機組預定、經濟調度。另也用於電力需求成長預測，更精準估算新電廠的總發電量、完工時間等。

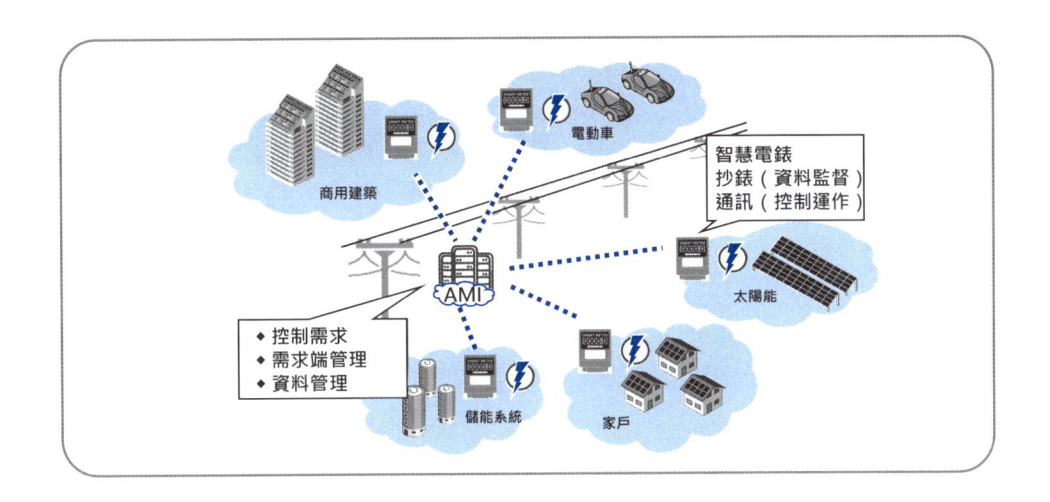

智慧電錶，中央直接抄走商業大樓、住戶、電動車充電樁、儲能系統的用電量、剩餘電量等資訊

圖片來源：MDPI

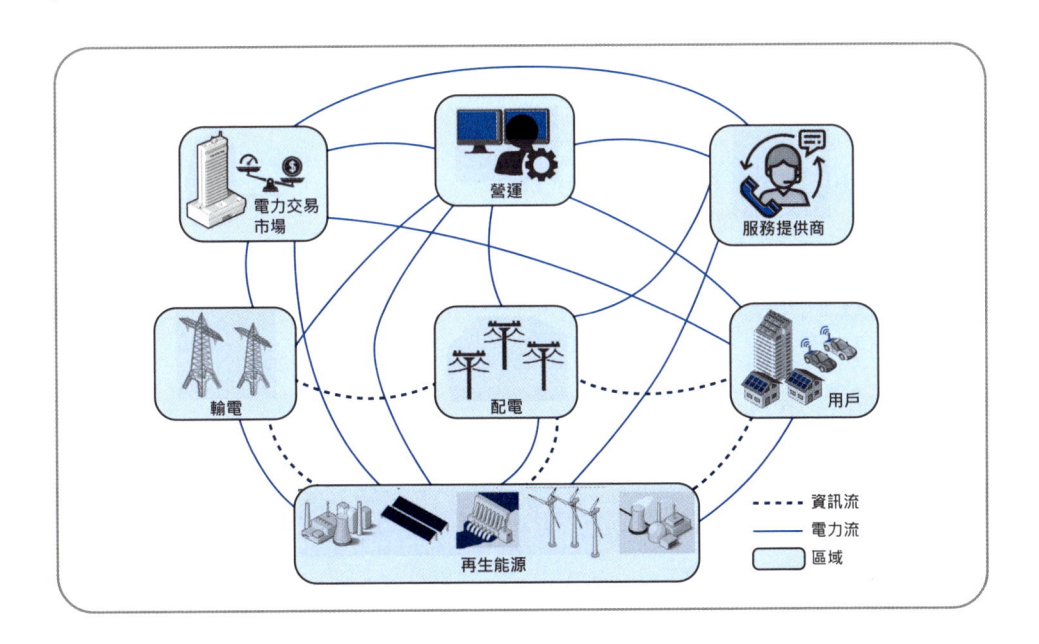

智慧電網透過資訊精準調控輸配電，彈性售出剩餘電力、購買臨時電力應急等

圖片來源：MDPI

註：嚴格而論也包含其他公用事業的抄錶，如水錶、瓦斯錶，並非單指電錶。

CHAPTER 3
39 工業 4.0、5.0（Industry 4.0、5.0）

2011 年德國提出工業 4.0。1.0 是指使用蒸氣水力取代獸力人力，2.0 改用電力，3.0 則是 20 世紀運用電子、資訊技術讓生產自動化，4.0 則是在機台、產線上加入感測器對生產過程有更多的掌握、監督與記錄分析。

事實上工廠自動化本就有專屬的網路，但多數為實體線路，且為了在嚴苛的工廠環境內堅穩運作，該套網路也不同於辦公室內廣泛使用的乙太網路（Ethernet），且工控（工業控制）取向的網路非常的分歧、多樣，需求量低，再加上堅耐要求，其連接器、纜線單價高，佈建成本、維護成本也高。

• 6G 有助實現工業 4.0/5.0

過去 4G/LTE 時代並未讓基地台支援工控應用，但在 5G 時代開始透過 uRLLC 去支援工控應用，因為 uRLLC 通訊講究可靠即時，合乎工控領域的嚴苛要求，而且工廠已在基地台覆蓋區內，用基地台的無線通訊，取代原有工控領域的高價專屬實體線路，也是較經濟的作法。

同樣的，6G 繼承過往的一切，5G 強調的 uRLLC 也在其中，加上歐盟開始強調工業 5.0，必須把環境永續、以人為本、韌性、人工智慧等要素納入工業生產，而人工智慧也是 6G 後端系統的一個要項，故運用 6G 將有助於實現工業 4.0/5.0。類似的，在 6G 基地台覆蓋區內的其他任務關鍵（mission critical）性操控應用，如倉庫無人搬運車、戶外無人機等，也同樣適用 5G/6G uRLLC。

工業 4.0 與工業 5.0 差異

圖片來源：貿澤電子

CHAPTER 3
40 腦機介面（BCI）、體域網（BAN）

由於 6G 給予各界極大的想像空間，後續各種技術提案建議均可能列入 6G 標準中，因此腦機介面（Brain-Computer Interface, BCI）、體域網（Body Area Network, BAN）等直覺上被認為與行動通訊不相關的技術也是可能列入 6G 領域的。

畢竟，6G 是盡可能達到無所不在的通訊覆蓋，到哪裡都不能出現「無信號」，倘若真的做到這點，一切都在覆蓋內，應該也能取代其他專屬、獨立的無線通訊工作。

- **腦跟身體都在 6G 信號覆蓋範圍內**

所謂的腦機介面，簡單說是直接運用腦波來發送控制信號，後續進一步亦可能雙向溝通，近期最知名的莫過於 Elon Musk 投資的新創企業 Neuralink。Neuralink 需要在腦皮層進行若干植入，才能實現外部操控，然投入腦機介面研究的業者眾多，有的也主張採行植入，有些則認為外部配戴即可，尚難一概而論。

至於體域網是指在個人身體範圍內建構的聯繫網路，例如在胸前裝上束帶來量測運動心跳；透過智慧手環量測血氧、血壓；部份植入則可持續性量測血糖等。

這些量測設置相互間也需要傳遞訊息，或有某一個主要裝置來彙整全身的訊息，如此就構成一個體域網。更嚴格來說是無線身體區域網路（Wireless Body Area Network），因為也有透過實體線路構成的體域網，但通常是在健檢或病床上使用，未來也必然朝無線方向發展普及。

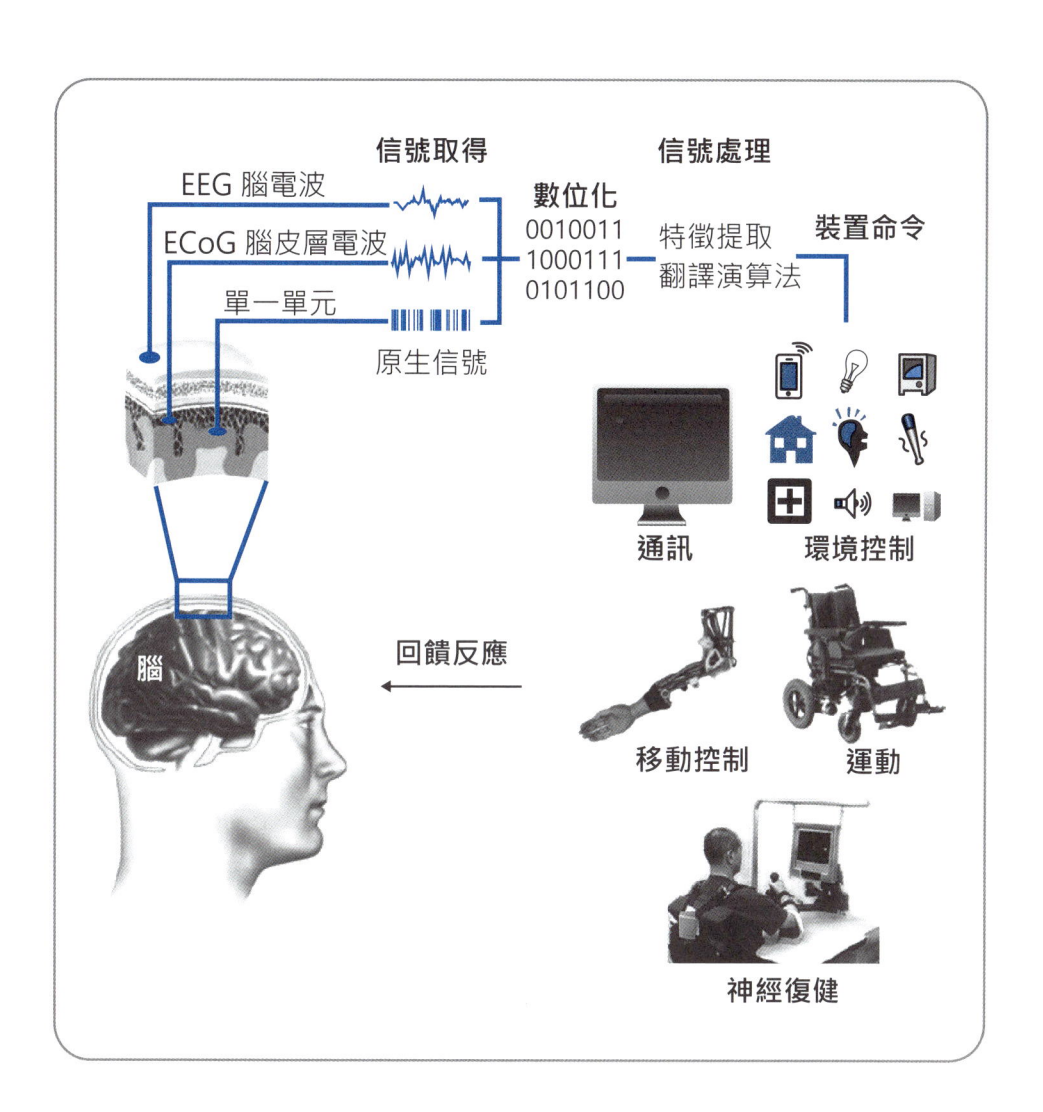

典型腦機介面元件與通訊方法（簡化版）圖

圖片來源：MDPI

CHAPTER 3

感測與通訊整合（ISAC）

▶ 41

　　6G 透過發波、回波的距離角度測算，不僅可以對室內的物品、人員走動進行定位，同樣的也能對於戶外廣大的空間環境進行掌握，如哪個方位有較高的建築、哪個方位有較多的車流等，即成像描繪、物體識別等，這類似把基地台當成雷達在用。

　　一旦 6G 基地台對其外部周遭有所掌握，就能夠更精準且靈活地配置頻譜資源與發送功率、發送角度，使 6G 信號覆蓋內的整體無線通訊網路更智慧性的通暢、良善傳輸，此即稱為感測與通訊整合（Integrated Sensing and Communication, ISAC），有時也稱聯合通訊與感測（Joint Communication and Sensing, JCAS）。

　　事實上過去基地台也有方位、角度、高度等環境性的適應調校，但是是倚賴專業工程人員現場調整，一旦外界環境有所變化，則有必要再次派工程人員到現場再行調校。

・更智慧、平順的應用情境

　　以上描述各位可能難感受體會，以實際例子說明，例如基地台偵測到前方來了一輛大體積的貨櫃車，停留已久，造成前方通訊品質變差，這時該基地台會發訊給相同覆蓋區內的其他基地台，請求它們對遮蔽位置優先提供服務，暫時頂替它本有的服務角色與工作，直到狀況解除（貨櫃車駛離）。

　　事實上過去 4G、5G 已有若干的基地台間協調機制，但這樣的協調在 6G 到來後將更為智慧化。

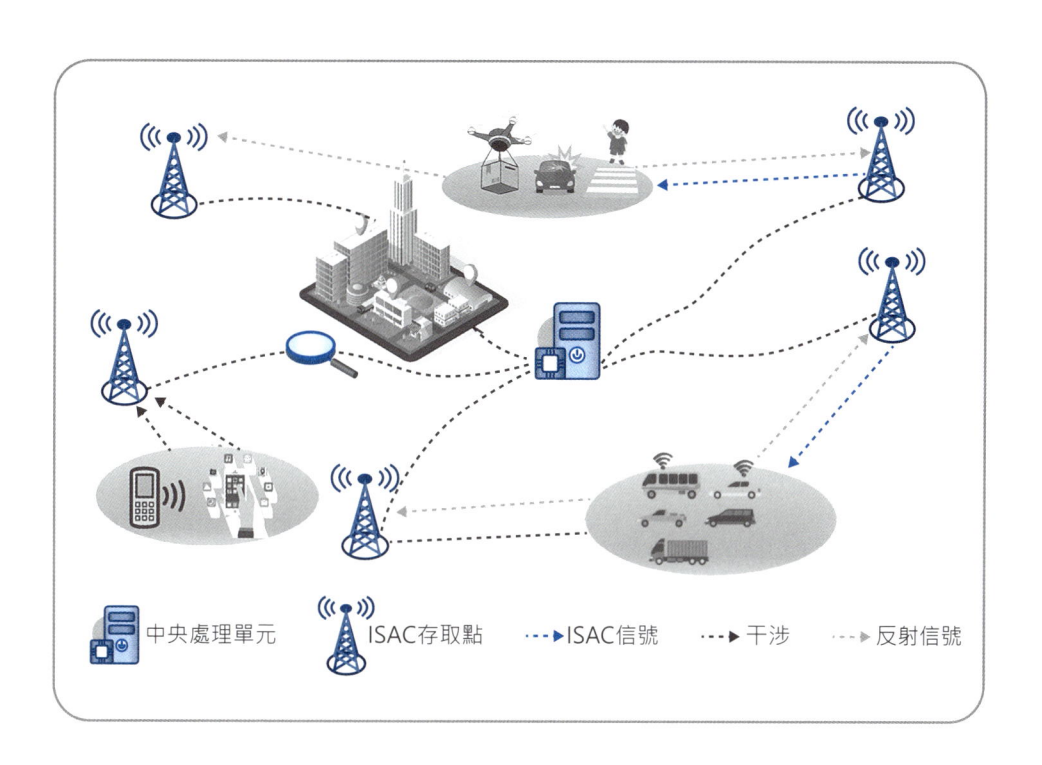

在行動通訊架構中引入 ISAC 示意圖

圖片來源：arvix.org

CHAPTER 3
42 無人機（UAV）、無人搬運車（AGV/AMR）操控

手機行動通訊比 Wi-Fi 強的一點就是在高速移動時（例如：行車時）仍能保持通訊，至今為止這依然是兩種技術的主要分界。手機行動通訊之所以能高速移動下通訊主要是倚賴基地台間的換手（handover）機制，當您在車上用手機通話時，車子快離開 A 基地台的覆蓋範圍，A 基地台會通知鄰近的基地台：即將有新裝置進入您們的服務範疇，我把該裝置相關資訊傳遞給您們，請接手持續服務下去。

基地台間換手機制對手機用戶而言運作於無形，且幾乎每提升一次行動通訊世代，就會連帶提升高速移動下的允許通訊速率，如過往 4G 允許約時速 300 公里下允許通訊，5G 更是達到時速 500 公里下也能正常通訊不斷線，6G 目前設定的目標是時速 1,000 公里。

・支援更多移動載具的操控

支援手機行動通訊換手只是其一，6G 更大的設想是讓更多自主移動的載具也透過 6G 基地台進行操控，包含操控其移動，或者是接收來載具本身感測的各種數值，如影像感測器偵測到的景物畫面、測距感測器的障礙物角度與距離等。

6G 期望能透過基地台操控地面上行駛的自駕車（Autonomous Car）、操控在空中飛行的無人機（Unmanned Aerial Vehicle, UAV），在它們快速移動下也能對其操控或即時得知其現場狀況等。類似的，工廠內 6G 覆蓋內，故無人搬運車（Automated Guided Vehicle, AGV 或 Autonomous Mobile Robot, AMR）之類的應用也適用。

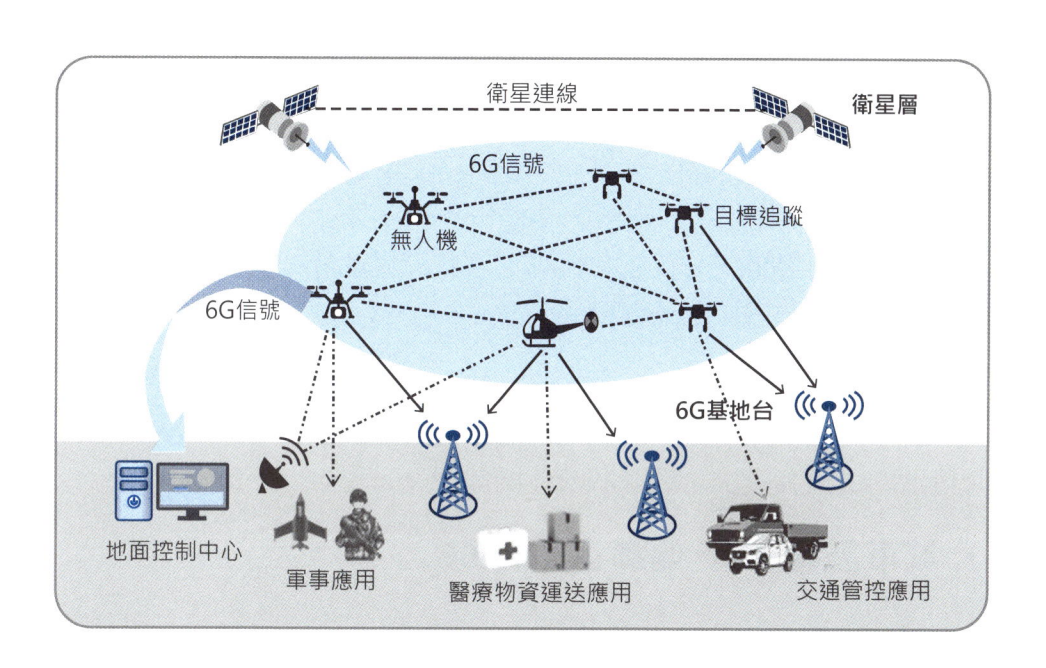

6G 運用於無人機操控、溝通之應用示意圖

圖片來源：MDPI

CHAPTER 3

43 智慧城市 / 農業 (Smart City/Agriculture)

　　6G 基地台覆蓋範圍內可以提供車聯網、自駕車操控，也能實現智慧電網、智慧電錶與抄錶，加上街頭巷尾的視訊監控攝影機。也由於 6G 傳輸頻寬的大幅提升，不一定要再使用實體線路傳輸，一樣透過 6G 基地台接收監看的視訊，其他也包含空氣品質感測器的資訊回傳，再加上智慧路燈、智慧看板等，整體而言就能夠成更宏大的便利願景，即智慧城市（Smart City）。

　　這類似過去的信用卡電視廣告：購買一個蛋糕數百元，購買一隻長頸鹿布偶上千元，再加上其他的購買等，最終獲得的是「女兒生日時無價的快樂笑容」。智慧城市亦同此理。

• 城市需要 6G，偏鄉也需要 6G

　　過往行動通訊多在車潮擁擠、人口稠密區佈建基地台並提供服務，在偏鄉的價值相對為低，然而在 6G 基地台可操控無人機後，在偏鄉的應用也開始增加，例如用 6G 操控無人機噴灑農藥，避免接近農藥傷害農民健康，作物收成與否也同樣透過無人機大範圍拍照來判讀。

　　或者無人機也能快速運送緊急物資，例如各種救急藥物，如新冠疫苗、毒蛇血清等。其他的自動化農具也同樣可用 6G 無線行動通訊進行操控，農民只要在室內適時監看，省去過去必須日曬雨淋的辛苦。此外 6G 物聯網技術同樣有助於智慧農業。

6G 與無人機等相關技術的結合可加速實現智慧農業

圖片來源：PanDaily

CHAPTER 3

整合存取與回傳（IAB）

44

就過往長期而言，行動通訊的基地台與手機之間是無線傳輸的，而基地台與後方的通訊是透過固網、固接線路的，對手機的通訊稱為存取（Access，對岸稱為接取），而基地台傳遞至更後方則稱為回傳（Backhaul）。

回傳過去最早就只是接電話線（俗稱市話，學名為公眾切換式電話網路，英文 Public Switched Telephone Network, PSTN），但為了讓用戶能上網也開始接上數據線路（或稱資料線路），之後 4G 完全改用數據線路，既用數據線路傳資料也用來傳語音。

回傳也包含基地台間的相互溝通，包含換手服務、相同覆蓋區下的頻譜協調、功率協調等，隨著行動通訊世代的演進，基地台後面的固接線路也必須升級，從銅線改成光纖線。

- **無線中繼器概念的發揚光大**

隨著 5G 傳輸頻寬的增大，以及過去 WiMAX 技術曾示範用無線方式進行回傳，若干程度地擺脫對實體線路的依賴，稱為無線中繼器（Relay），相同概念也被 3GPP 參考引用，行動基地台也開始有採行無線方式回傳的作法，但比例仍低，通常用於一些服務量仍少的地方（省去固接線路可省建置成本），或臨時需求的地方（例如墾丁春吶期間，結束就不太需要）。

3GPP 在 R16 版（R15 為正式 5G 標準）時加入整合存取與回傳（Integrated Access and Backhaul, IAB），或稱 5G 自回傳（5G Self-backhauling），這樣的作法在 6G 將更為發揚光大。

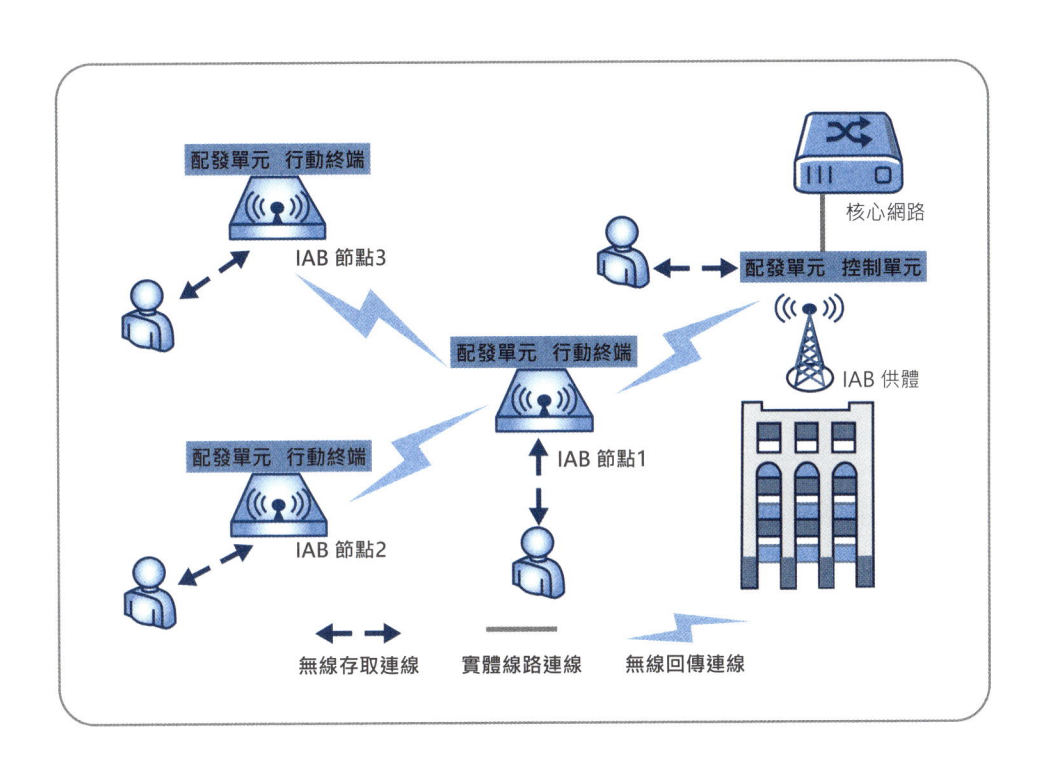

整合存取與回傳（IAB）技術示意圖

圖片來源：MDPI

CHAPTER 3
45 創新光學與無線網路（IOWN）、全光網路（APN）

創新光學與無線網路（Innovative Optical and Wireless Network, IOWN）是知名的日本行動通訊服務營運商日本電信電話（Nippon Telegraph and Telephone, NTT）公司所提出的主張，認為未來的行動通訊當如此設計與建立。

IOWN 其實內含三個要素：認知基礎（Cognitive Foundation, CF）、數位雙生運算（Digital Twin Computing, DTC）及全光網路（All-Photonics Network, APN），其實前兩者已在前述的應用中提到或有相近概念，主要是全光網路的提出更具新意。

• 全光網路的深層意涵

全光網路意思是讓 6G 的行動通訊後端所倚仗的一律是光傳輸，包含整套通訊系統中所用及的晶片，其晶片內也是運用光傳輸，而不再是傳統電子線路，NTT 認為 APN 可以讓整體傳輸能耐提升 125 倍，同時在功耗用電上傳統電線省上 100 倍，另外傳輸延遲也比傳統電線快 200 倍。

IOWN、APN 與之前提及的 IAB 等，屬於偏向營運面的變革應用，對終端的家庭、個人用戶而言較無直接感受，但自從 5G 登場後也開始向企業用戶推行 5G 專網（5G Private），即讓企業自行佈建與使用 5G 網路，或直接向電信商議定，運用已有的公眾 5G 網路進行切割配置，讓企業擁有獨立專屬的 5G 網路。

因此 APN 對專網用戶確有其需要，如何更快、更大量傳輸且更省電成為重點，特別是 5G 為了縮短傳輸延遲而提出多方存取邊緣（Multi-access Edge Computing, MEC）主張，6G 為了縮短傳輸延遲而有 APN 也不讓人意外。

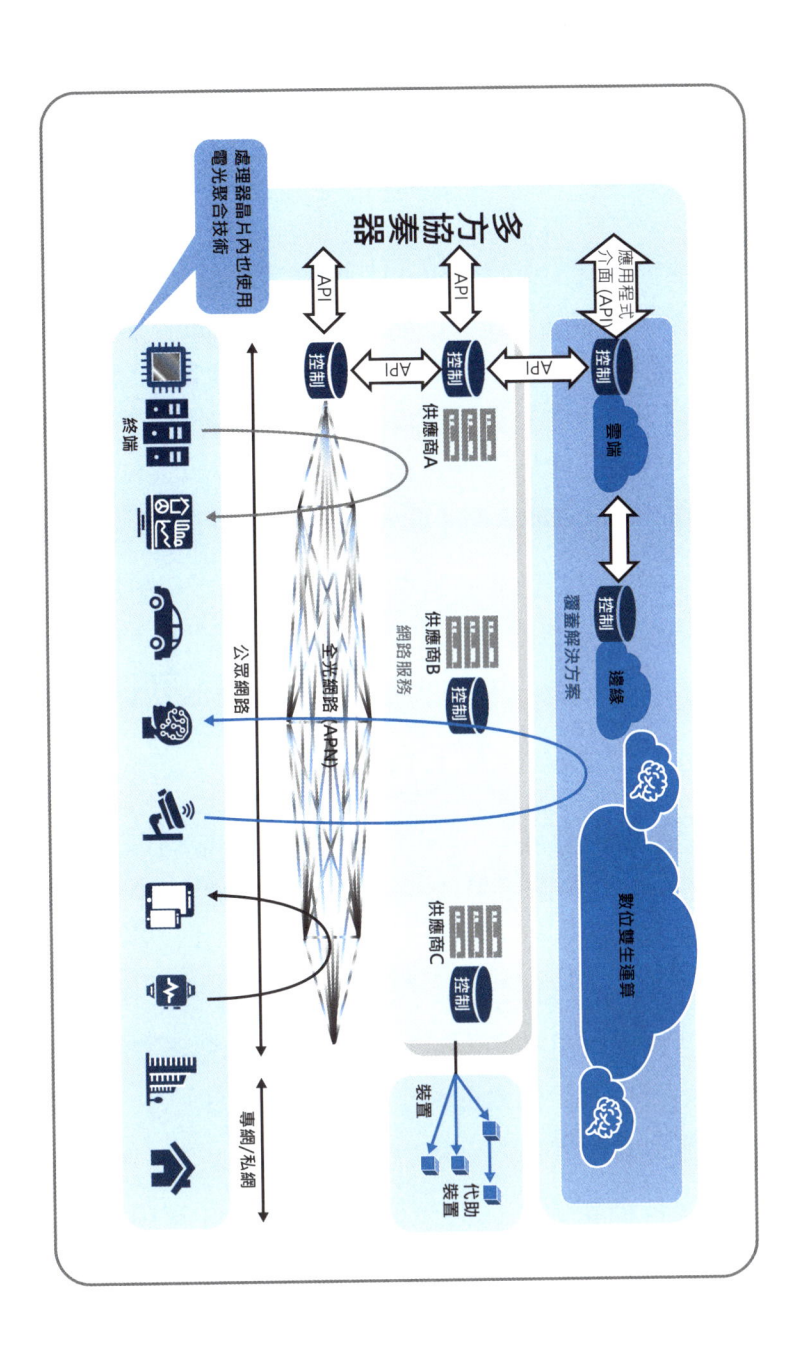

創新光學與無線網路（IOWN）主張構圖

圖片來源：HAKUSAN

第 3 章 6G 未來願景與全向應用

CHAPTER 3

46　人工智慧即服務（AIaaS）

　　自從公有雲（public cloud）服務發達後，各種「即服務」名詞就開始盛行，例如基礎建設即服務（Infrastructure as a Service, IaaS）、平台即服務（Platform as a Service）、軟體即服務（Software as a Service），此三者為普遍認同用語，然業者為推行自家方案也各自延伸發創，如資料庫即服務（Database as a Service, DBaaS）、裸機伺服器即服務（Bare Metal as a Service, BMaaS）等。

　　而手機在日益改用資料數據應用後，通話機率已少，故 Apple 提出 Siri 語音助理應用，其他業者有跟進，而在 ChatGPT 的智慧人性回話後，人工智慧（Artificial Intelligence, AI）應用更加蓬勃發展運用。

• 6G 立足於原生人工智慧

　　在 AI 技術日益強大下，6G 架構與營運設計也傾向一起頭即引入 AI 概念，稱為人工智慧原生（AI Native 或 Native AI），透過 AI 讓網路資源調度、配置、服務等更為智慧化、自動化。

　　同樣的，6G 無所不在、頻寬充沛，自然在語音發話識別、人性語音回話外，有更多的人工智慧應用可以透過 6G 網路實現，例如智慧城市中在車流監控攝影機上捕捉到的影像可以立即 AI 識別，得知是否為贓車或違規等。

　　其他各種新興、仍待想像與探索的 AI 應用還非常多，都透過 6G 來生成、傳遞、操控、互動等，即成了人工智慧即服務（Artificial Intelligence as a Service, AIaaS），6G AIaaS 確實獲得多方認同為未來 6G 願景與趨勢。

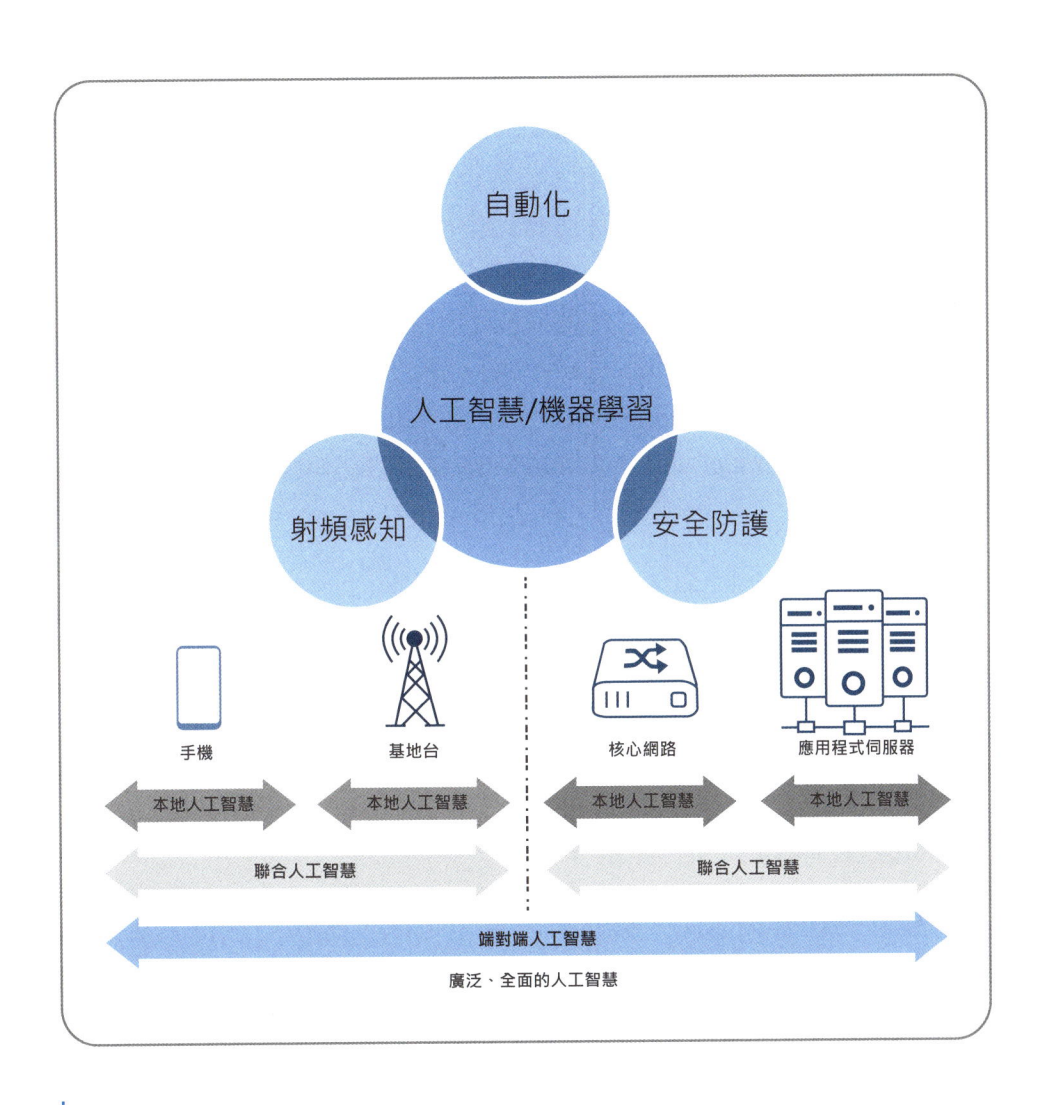

印度電信標準開發協會主張的 6G 分散式人工智慧

圖片來源：TSDSI

CHAPTER 3

47 太空、天空、地面一體化網路（SAGIN）

　　如前所述，既然 5G 後期到 6G 開始都有意將基地台高空化，無論是用熱氣球、無人滑翔機、多軸無人機，乃至高中低軌衛星等，再加上本有的地面基地台，如此就構成了一個太空、天空、地面一體化網路（Space-Air-Ground Integrated Network, SAGIN），或稱全連接性的世界（Fully Connected World），或更多相似概念的稱呼，如整合衛星地面網路（Integrated Satellite-Terrestrial Networks, ISTN，簡體稱星地融合网　）、全領域聚合（Full-domain Convergence，簡體稱全域融合）等。

　　倘若真的達到 SAGIN 的境界，富豪在遊艇上、私人飛機上、哪怕是在太空旅遊中都可使用其 6G 通訊，其通話、上網不間斷，背後則由地面、高空、太空中的 6G 基地台協調換手接替，實現全程平順服務，過程中不需要再去向服務營運商報備需要漫遊，方便至極。

• 方便至極背後是複雜至極

　　富豪如此，其他無人機、自駕車也可以，這類的飛行裝置、陸上載具到任何地方都可以通訊、都可以操控。然而在如此便利的背後其實要極複雜的調控運算才能實現，例如為了解決頻譜資源運用的問題可能需要用上非正交多重存取（Non-Orthogonal Multiple Access, NOMA）技術，或在組態配置上使用到軟體定義網路（Software-Defined Networking, SDN）技術。

　　或是 5G 引入的網路切片（Network Slicing）技術，6G 引入的人工智慧、機器學習（Machine Learning, ML）技術等。總之，終極便利的情境構想已描繪，技術與實務仍待長期琢磨。

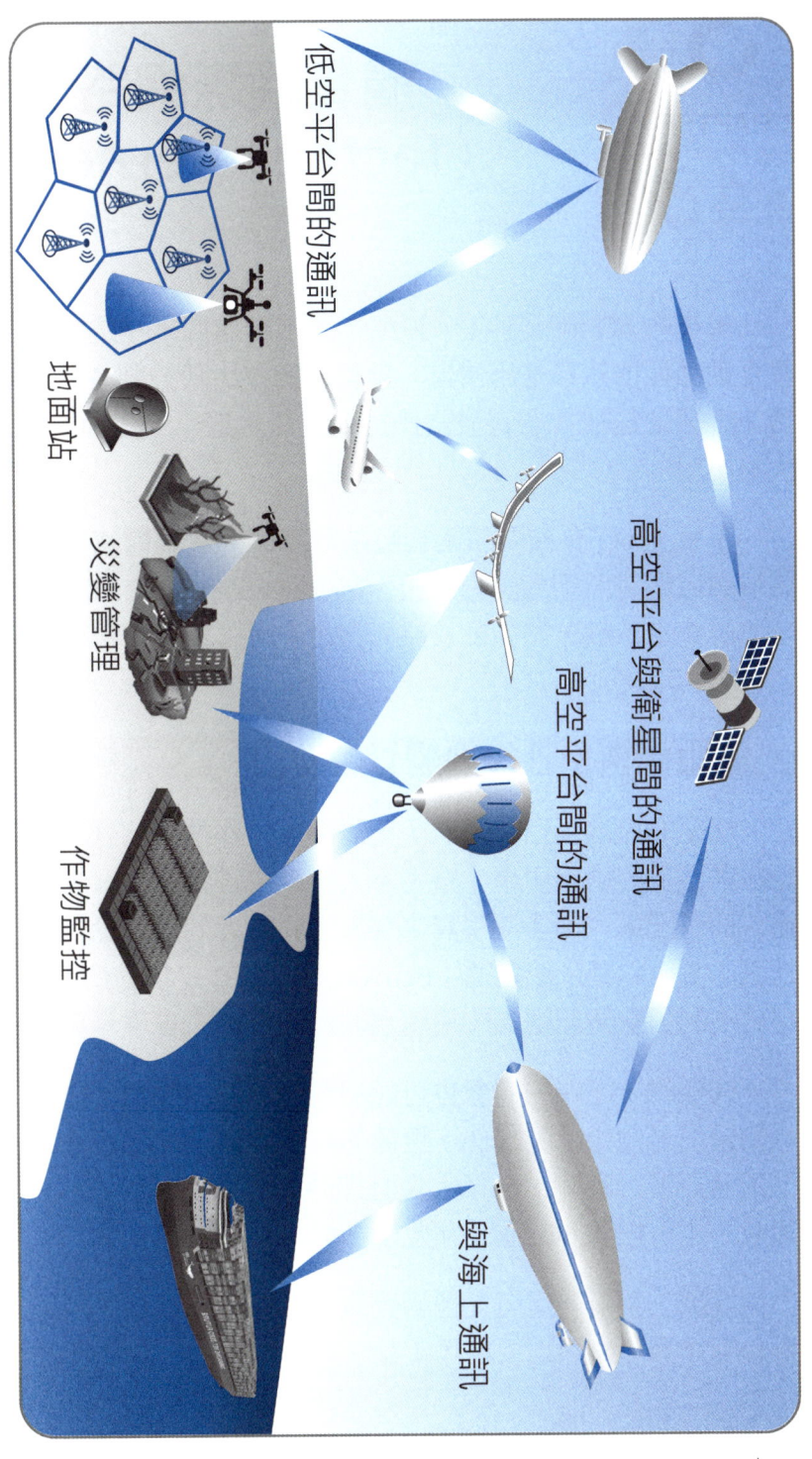

太空、天空、地面一體化網路示意圖
圖片來源：MDPI

第 3 章 6G 未來願景與全向應用

CHAPTER 3

48 觸覺網際網路（Tactile Internet）

未來的 6G 無所不在、頻寬充沛、延遲低，在這種情況下，若人機互動操控依然只是用滑鼠、鍵盤、觸控，那控制命令的傳輸資料量極小，即便是加入語音發話操控，依然是很小，對 6G 而言反而有些大材小用。

事實上 6G 有機會讓兩端超越視聽以外的更豐富互動，過去遊戲電玩領域即有所謂的動力回饋（force feedback），例如玩家用方向盤玩越野賽車遊戲，碰到顛簸路面是會有反作用力反應到方向盤上的，使遊戲情境更加逼真。

• 遠距手術格外需要觸覺輔助

玩樂的更逼真還在其次，更需要觸覺操控與觸覺回饋傳遞的，應是之前談及的遠距手術。醫生不太可能用鍵盤、滑鼠、觸控來實施手術，而是配戴一個模擬手套來實施過往熟悉的肢體動作，或者是隔空比劃，而後用毫米波雷達（mmWave Radar）之類的技術來感測比劃，再將控制信號傳至遠端，用遠端的機器手臂來實現真實的手術動作。

同樣的，遠端的病患也可能需要將相關的觸覺感受直接回饋給遠端的醫生，例如呼吸起伏、復健的身體反應等，這些運用大量且密集的感測器進行感測，而後大量且即時的將觸覺相關資訊透過 6G 進行傳遞，才不枉費 6G 通訊的能力。

遊戲、手術外還有更多觸覺運用待探索、實現，例如用機器人去拆恐嚇炸彈，一樣需要精巧手藝。

行動網際網路（行動寬頻）　　大量型物聯網　　　觸覺網際網路
Mobile Internet　　　　　　Massove IoT　　　　Tactile Internet

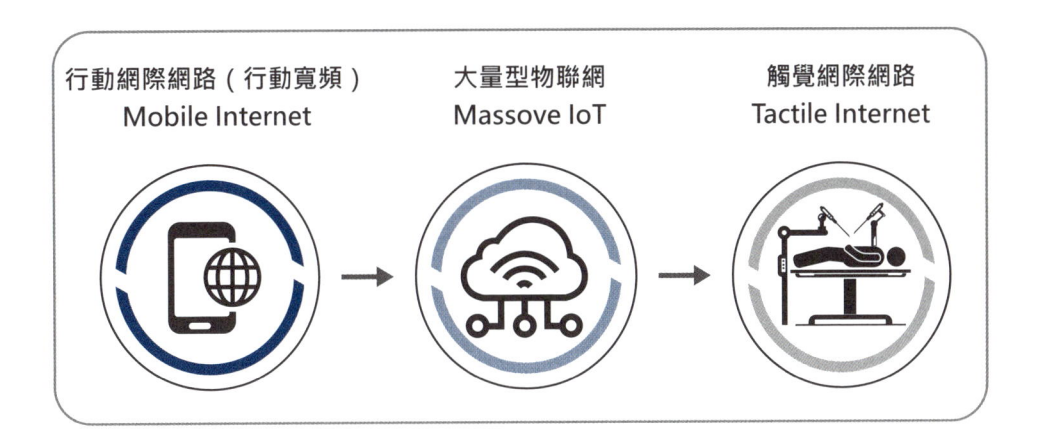

學術研究認為觸覺網際網路為行動網際網路、大量型物聯網的進一步自然技術演化

圖片來源：MDPI

註：觸覺網際網路（Tactile Internet）有些文章也翻譯成觸覺物聯網，英文有時也縮寫成 TI。

CHAPTER 3

49 推助無線電能傳送（WPT）、能源收割（EH）

倘若 6G 信號真的無所不在，另一個可能讓人氣餒的應該就是電力問題：「有覆蓋訊號，可是手機快沒電了！」手機尚可以透過人去找插頭、找可攜式電源來補充電力，然而許多物聯網感測器裝設在荒山野嶺，久久才派專人前往一趟對各感測器進行巡視與電池換裝，專人未到之前便耗盡電力的感測器所在多有。

另外，人力出動成本畢竟昂貴，有專業能力者更貴，對營運方而言，通常希望盡可能減少專人出動的次數，能夠 400 天出動一次，就不要 300 天出動一次，因此必須盡可能延長感測器的待機時間、電池使用時間。

現行作法是僅可能讓感測器在發送完感測資訊後立即進入關閉電源的休眠狀態，以此節省電力，但業界也思考其他的補充電能方式。

・隔空傳輸電力、就地收割電力

一味節流不是辦法依然是要開源，業界提出類似無線充電的方式來給感測器充電，但隔空距離必須拉長，不再是十數公分的距離，而是達數公尺或更遠的距離，此稱為無線電能傳送（Wireless Power Transfer, WPT），或者在感測器裝上小太陽能板，或在感測器內設置微小的振動發電機等，此泛稱為能源收割（Energy Harvest, EH）。

WPT、EH 畢竟是供電、發電技術，並非 6G 標準訂立的優先工作，但卻是難以忽視的一項配套，為 6G 完美使用情境下不可或缺的一塊。

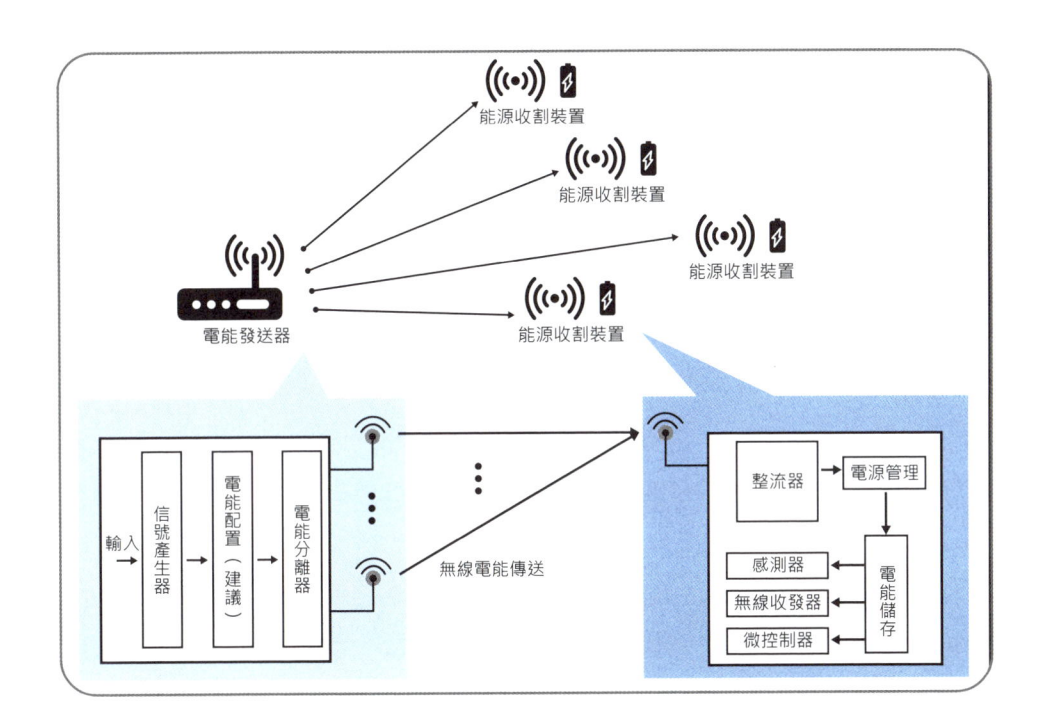

無線電能傳送（WPT）技術示意圖

圖片來源：MDPI

CHAPTER 3

50 支援呼應零信任（Zero-Trust）資安防護

零信任（Zero-Trust）是一種資安防護的概念主張，於 2009 年市場研究調查機構 Forrester Research 的分析師 John Kindervag 所提出，提出之初未有立即廣大響應，直至近年來資安攻擊日益嚴重，各界才開始倡議起零信任。

在零信任未提出前，資安防護主要為安全邊界概念，只在邊界進出的幾個位置進行安全查核，最典型是居家辦公（Work From Home, WFH）者使用私有虛擬網路連至公司時，只要帳號密碼正確後，幾乎就能在企業網路、企業資訊環境內暢行無阻。

邊界防護在過往企業只有辦公室、企業自有資訊機房等單純環境下可行，但隨著上班族普遍使用手機（迫使企業實施自攜裝置政策，即 Bring Your Own Device, BYOD）、普遍使用公有雲服務（如 Gmail、Dropbox 等）、加上疫情後居家辦公、視訊會議增加，防護邊界已不再明確清晰，只在邊界處設防逐漸失效。

• 6G 行動通訊推助實施零信任

零信任是依據多種條件來判定嘗試登入的身份是否安全，包含帳號、密碼、生物特徵（指紋、虹膜）、裝置等，乃至所處的位置、過往慣常登入的日期時間等，都在查核確認的範圍內，且通過身份驗證後也盡可能保守給予存取權限，如只能檢視少數資料夾，不允許列印等。

由於查核的條件包含時間、地點等，無處不在的 6G 覆蓋信號更能支援呼應零信任資安防護的實現，或反過來說：6G 的更複雜架構與環境也非常需要實施零信任防護來確保安全。

6G 行動通訊更有助於零信任安全防護的各要素安全驗證

圖片來源：StrongDM

CHAPTER 4

5G/6G硬體裝置、設備產業鏈

前面談到了 5G、6G 通訊的發展歷程，可謂是交代了「遠因、近因、導火線」，而談到 5G、6G 的實現技術與應用展望，其實是談及了未來可能的「經過、結果、影響」，然而「經過、結果、影響」的更細部展開，其實涉及了產業的硬體、軟體、服務等層面。

　　更細部而言還要談論其上下游關聯性，以及我國現有業者在其中的哪些領域、環節有望位居要角？哪些長遠來看都只能處於利基？唯有對此有明確的識別才能準確投資佈局。

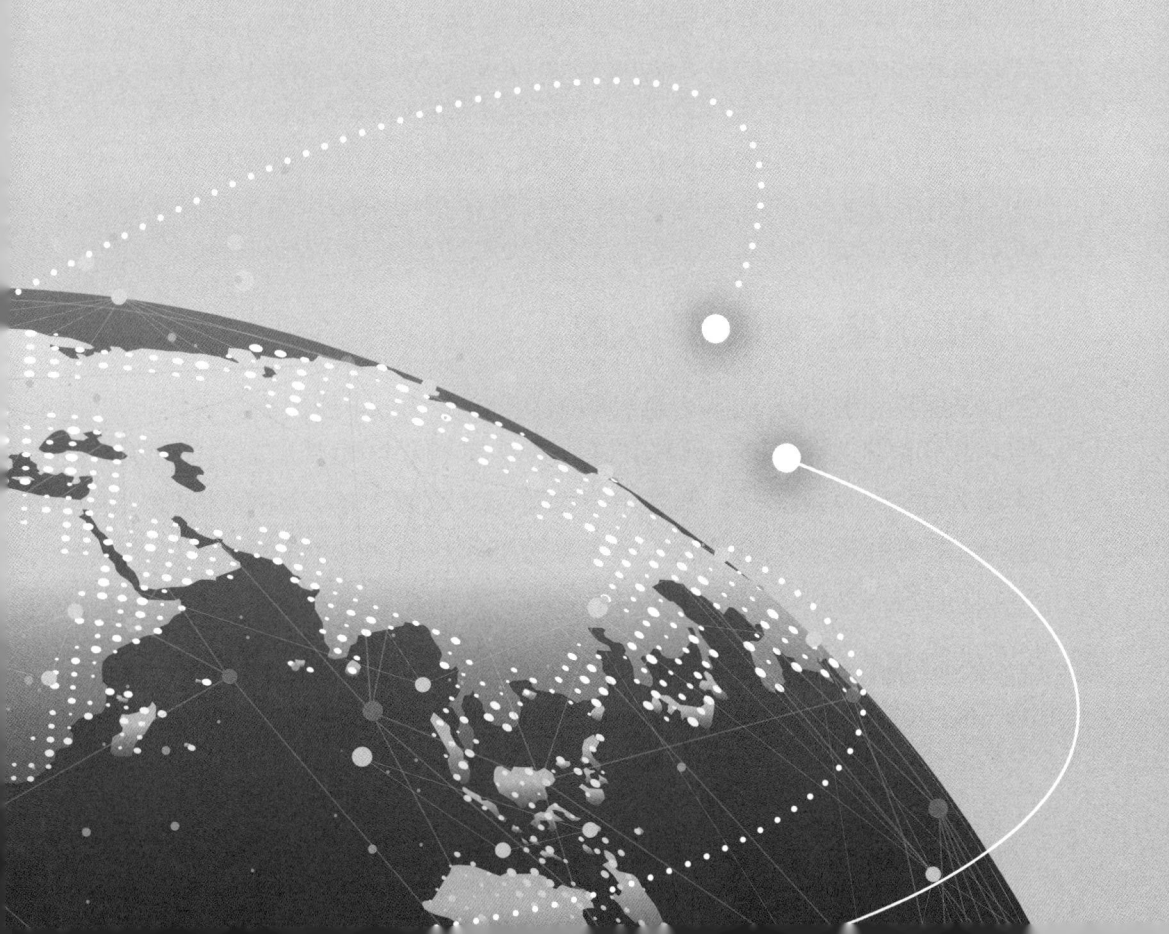

CHAPTER 4

5G、6G 晶片構成概覽

▶ 51

　　5G、6G 能否實現，首要除了標準必須定案頒佈外，下一步就是要有廠商依循標準設計與生產新晶片，主要是基頻（Baseband）晶片，或者是以基頻功能為基礎附加更多處理功能的數據機（MOdulator-DEModulator, MODEM，或稱調變解調器，對岸或稱調製解調器，此詞因過於常用已習慣性寫成 Modem）晶片。

　　基頻晶片屬於數位性執行處理的晶片，在此之後需要連接射頻晶片（Radio Frequency Integrated Circuit, RFIC），射頻晶片內因應信號收發需要而具有類比數位轉換器（Analog Digital Converter, ADC）、數位類比轉換器（Digital Analog Converter, DAC），另外也包含濾波器（Filter）、功率放大驅動器（Power Amplifier, PA driver）、低雜訊放大器（Low Noise Amplifier, LNA）等。射頻晶片重視物理性表現，即信號收發能力，並非緊黏著 4G、5G 數位標準，跨代使用相同射頻晶片也是可行。

・ **類比前端、濾波器、天線**

　　在基頻、射頻更之後的是射頻類比前端（Front End, FE，有時也寫成類比前端 Analog Front End, AFE），其實是泛指其他與射頻相關的構成元件，包含另一組低雜訊放大器、功率放大器、切換開關等，這些可能零散組成，也可能有業者直接推出一個包含所有類比前端需求元件的整合晶片（或整合模組）。

　　其他則是額外的濾波器，還有最末端的天線等，以此構成一個 5G、6G 裝置的收發電路，事實上基地台端也是類似的設計。

更簡單說，基頻可以接收信號、可以處理信號，但信號無法隔空傳遞，須透過射頻把信號轉換成無線電波，而後電波在空氣中傳遞，傳至另一端後由射頻先行接收電波，重新把電波還原成信號，再給另一端的基頻接收、處理，而射頻類比前端、濾波器、天線等，更廣義而言也是在配合射頻晶片一起運作。

各位可以把收發兩端的基頻看成兩戶人家，他們想要互通書信，而射頻、射頻類比前端、濾波器、天線等，可以看成郵局、郵箱、郵票、郵差等各種遞送配合配套，最終達成兩端基頻的書信溝通。

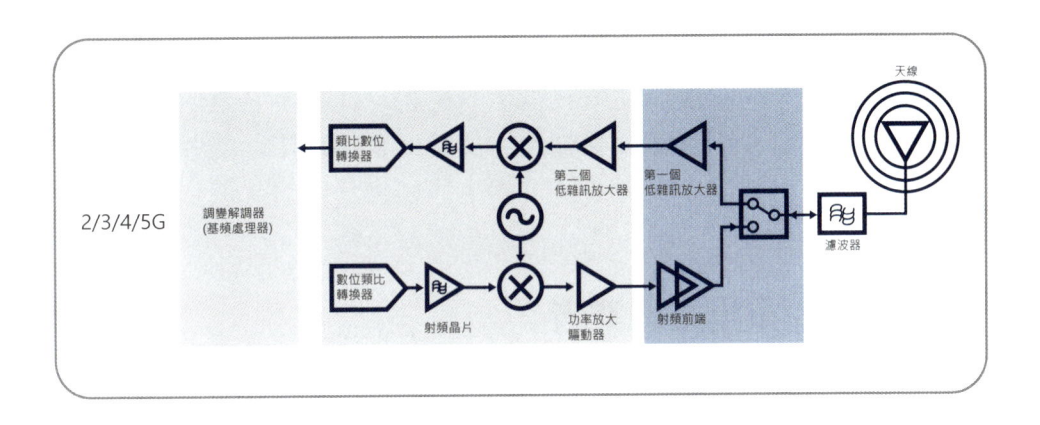

2G～5G（也包含未來 6G）的晶片構成示意圖

圖片來源：Samsung

CHAPTER 4

52 基頻晶片商

基頻（有時也稱基帶）晶片、基頻處理器（有時也稱 BBP，即 Baseband Processor）在收發兩端都需要配置，每個智慧型手機內需要，每個基地台內也需要，但因為手機量太大，故談及基頻晶片的市場投資通常是談論手機端，基地台端相對為少。

另外，隨著物聯網、穿戴式電子的興起，此類型裝置內需要的是更小型、更省電、更低廉的基頻晶片，難以直接使用功能強大的手機用基頻晶片。物聯網、穿戴式裝置需求的基頻晶片雖然低廉，但未來潛在用量更勝智慧型手機，因此市場也不容小覷。

- **基頻晶片市場主要業者**

目前主要的基頻晶片商如美國高通（Qualcomm）、荷蘭恩智浦（NXP）、美國邁威爾（Marvell，或稱美滿電子）、台灣聯發科技（MediaTek, MTK）、中國大陸新紫光集團旗下的紫光展銳（Unisoc）等。

也因為智慧型手機銷量龐大，手機業者也自主投入基頻晶片開發，如三星（Samsung）、華為（Huawei）旗下的海思半導體（HiSilicon）、谷歌（Google）等，甚至（至 2024 年 11 月）傳聞小米（Xiaomi）、蘋果（Apple）也將跨入，但手機業者投入開發的晶片多僅供自用，不再對外銷售。

不過也有業者退出市場，如 NVDIA 收購 Icera 後試圖進入市場但最終未成，Intel 也收購 Infineon 相關部門但在 2023 年決議退出，並將技術賣給蘋果。展望後續因市場潛能巨大故仍會有新業者積極進入市場，如美國 EdgeQ、以色列艾以科技（AIE Acts Technology）、台灣繁晶科技（Ranictek）等。

背景	業者	股票代號	附註
純晶片商	高通（Qualcomm）	NASDAQ: QCOM	
	恩智浦（NXP）	NASDAQ: NXPI	
	邁威爾（Marvell）	NASDAQ: MRVL	
	聯發科（MediaTek）	TSE: 2454	
	紫光展銳（Unisoc）	未掛牌	新紫光集團旗下成員企業
手機商背景	三星（Samsung）	KRX: 009530	
	谷歌（Google）	NASDAQ: GOOG	主要指其母公司 Alphabet
	海思半導體（HiSilicon）	未掛牌	華為集團旗下成員企業
可能手機商	蘋果（Apple）	NASDAQ: AAPL	
	小米（Xiaomi）	HK: 01810	在香港股市掛牌

主要 5G（含未來 6G）基頻晶片商

資料來源：作者整理

CHAPTER 4
53 射頻晶片、射頻類比前端晶片、射頻元件商

基頻晶片屬高度數位（digital）邏輯性質的晶片，相對於此的，射頻晶片與類比前端晶片則屬高度類比（analog）與高度混訊（mixed signal，混合數位訊號與類比訊號）性質的晶片，因為晶片電路本質上的差異，主要晶片商也明顯與基頻晶片商不同。

射頻晶片與射頻類比前端晶片（有時縮寫成 RFFE，即 Radio Frequency Front-End）主要晶片商為美國威訊聯合半導體（Qorvo）、美國思佳訊（Skyworks）、美國博通（Broadcom）等三大家，NASDAQ 代號分別為 QRVO、SWKS、AVGO。

不過，手機晶片市場競爭日益激烈，手機商自身都跨入基頻晶片領域，也導致基頻晶片商開始嘗試進入射頻晶片領域，如高通、聯發科均有自己的射頻相關晶片，甚至手機背景的三星也切入，然畢竟較晚進入市場，其晶片收發性能表現需要更長時間的驗證。

- **更多相關業者**

前述三大家為主要業者，但長期在射頻相關元件有卓越技術的晶片商也有若干進入市場，如美國亞德諾（Analog Devices, Inc., ADI）、日本村田製作所（Murata）、美國安森美（ON Semi）、德國英飛凌（Infineon）、日本太陽誘電（Taiyo Yuden）、日本京瓷（Kyocera）等，甚至是與基頻廠商合作，如亞德諾即與前述的邁威爾合作，共同展示 5G 射頻單元平台。

其他值得關注的射頻相關元件商還有美國奧帝思（Akoustis）、台灣富采控股（EnnoStar）旗下的漢威光電（HexaWave）、立積電子（RichWave）等。此外 5G、6G 用及更高頻段，技術難度挑戰更高，具獨到技術的新創商也將嘗試進入市場。

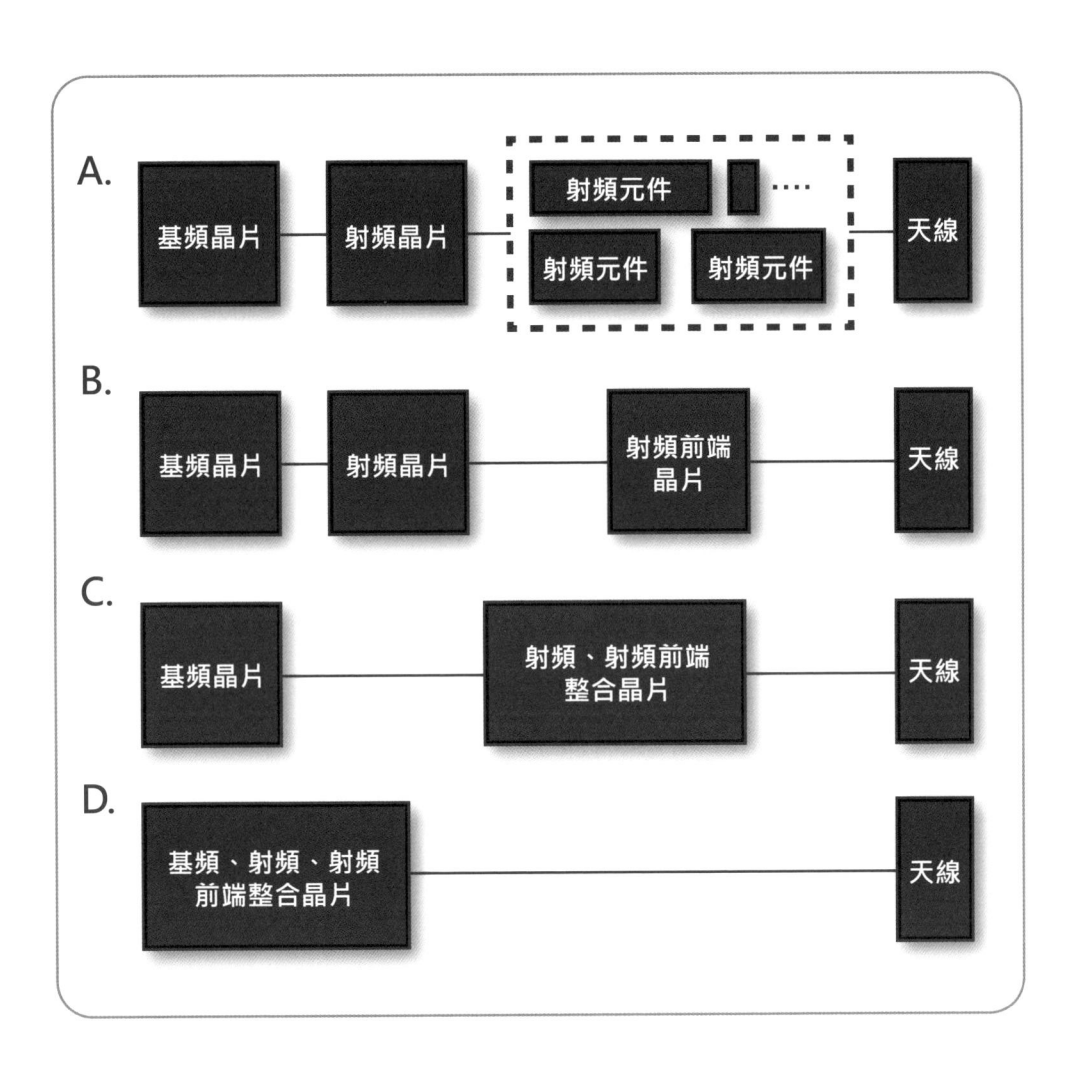

基頻至天線間的多種射頻電路實現方式

圖片來源：作者提供

CHAPTER 4

54 應用處理器晶片商

應用處理器（Application Processor）指智慧手機的主控晶片，透過主控晶片連接此前提及的基頻晶片，另也透過其他晶片連接各種感測器、觸控螢幕等。不過應用處理器更重要的角色是執行手機內的作業系統（iOS 或 Android）與應用程式（各種手機 App）。

應用處理器過往的主佔商為此前所提過的高通、聯發科技或紫光展銳（主要為未被紫光集團購併前的展訊通信）。然近年來許多手機商自己跨足開發自用的應用處理器晶片，如蘋果（Apple）、三星（Samsung）、華為（Huawei，使用旗下海思半導體的晶片）、谷歌（Google）等，後續還有更多手機商嘗試比照。

- **應用處理器的機會與挑戰**

若更多手機商自主發展應用處理器，則高通、聯發科等業者的銷售機會將限縮，同時物聯網之類的應用裝置不需要用及應用處理器，因此應用處理器商必須另闢應用市場。

目前高通、聯發科等均嘗試發展連網用個人電腦（PC）用晶片，高通與微軟合作，稱為 Windows on Arm（WoA）電腦；聯發科則與谷歌合作，以 Chromebook 筆電為主，此外車聯網應用也是嘗試進入的領域，然此方面的主要晶片商為日本瑞薩（Renesas）、荷蘭恩智浦（NXP）等。

或者也嘗試用於機器人、無人搬運車、多軸無人機等領域，畢竟 5G 一大通訊特點是 uRLLC。

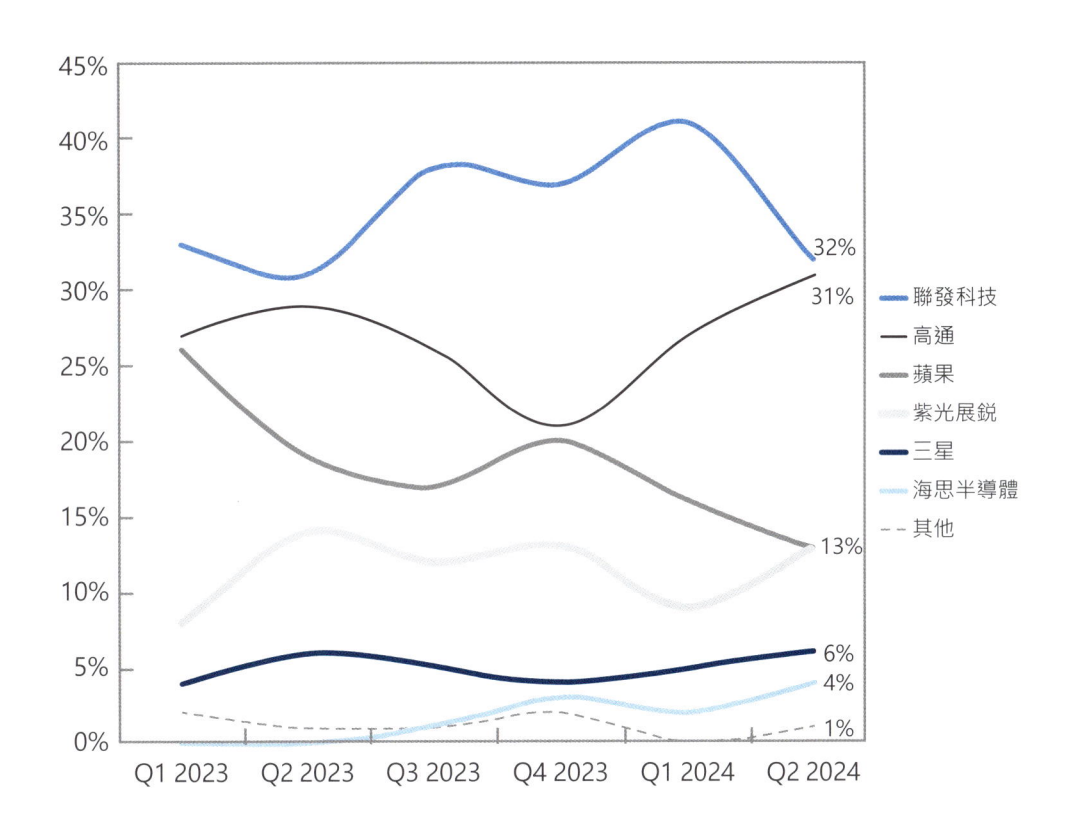

至 2024 年第二季全球應用處理器市佔率消長

資料來源：Counterpoint

CHAPTER 4

55 伺服器相關晶片商

伺服器（Server，對岸稱服務器）過去與 1G 至 4G 行動通訊無關，但自 5G 開始變得至關重要，後續的 B5G、6G 也同樣會扮演重要角色。因為，5G 的基地台基頻單元（Baseband Unit, BBU）、5G 的核心網路（Core Network，簡稱核網）設備等均可能從過往的專屬設備，變成以一般伺服器搭配特定軟體來達到相同效果。

另外，5G 之後的通訊日益強調更低的傳輸延遲，故有些過往僅在核心網路提供的功能會向前（核心網路一般被視為後端）推移到基地台端，以求儘速服務與回應，此稱為行動邊緣運算（Mobile Edge Computing, MEC），行動邊緣運算也同樣倚賴一般伺服器來實現。

- **伺服器相關晶片均受益**

由於伺服器系統將在 5G/B5G/6G 基地台、局端大量使用，故伺服器相關晶片也將水漲船高，包含伺服器用的處理器晶片（如 x86 架構的 Intel、AMD 或 Arm 架構的諸多業者晶片）、伺服器內的記憶體（如三星 Samsung、海力士 Hynix、美光 Micron 等）、伺服器內用的高速區域網路晶片（如 Broadcom、Marvell 等）。

另外基地台端也開始引入現場可程式化邏輯閘陣列晶片（Field Programmable Gate Array, FPGA）來加速執行，或者是引入人工智慧硬體加速（Accelerator）晶片、邊緣人工智慧（Edge AI）硬體加速晶片等。

還有與伺服器代工相關的業者也可能間接受益，如台灣的廣達／雲達（QCT）、緯創／緯穎（Wiwynn）、鴻海（Foxconn）、神達／神雲（MiTAC）、技嘉／技鋼（Giga Computing），或伺服器管理晶片的信驊科技（ASPEED）等。

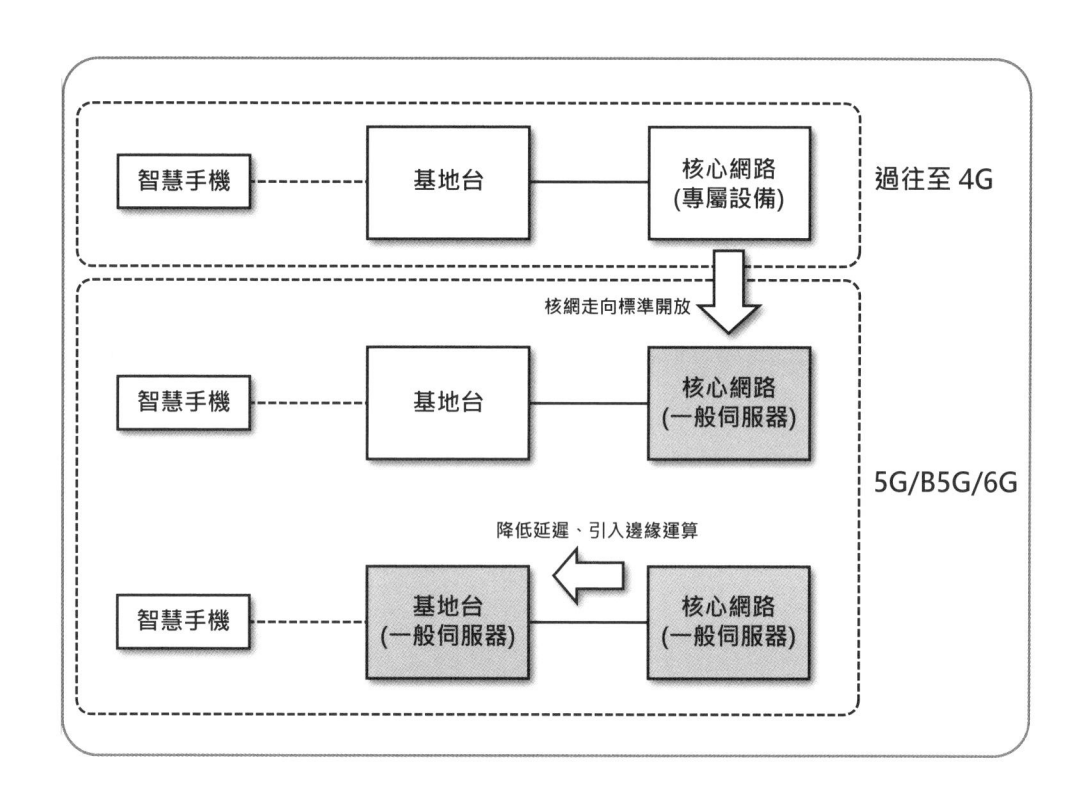

```
┌─────────────────────────────────────────────────┐
│ ┌─────────────────────────────────────────┐     │
│ │                                         │     │
│ │ ┌────────┐     ┌──────┐    ┌─────────┐  │ 過往至 4G
│ │ │智慧手機│─ ─ ─│基地台│────│核心網路 │  │     │
│ │ └────────┘     └──────┘    │(專屬設備)│  │     │
│ │                            └─────────┘  │     │
│ └─────────────────────────────────────────┘     │
│                          核網走向標準開放 ⬇     │
│ ┌─────────────────────────────────────────┐     │
│ │ ┌────────┐     ┌──────┐    ┌─────────┐  │     │
│ │ │智慧手機│─ ─ ─│基地台│────│核心網路 │  │     │
│ │ └────────┘     └──────┘    │(一般伺服器)│ │  5G/B5G/6G
│ │                            └─────────┘  │     │
│ │            降低延遲、引入邊緣運算 ⬅      │     │
│ │ ┌────────┐    ┌─────────┐  ┌─────────┐  │     │
│ │ │智慧手機│─ ─ │基地台   │──│核心網路 │  │     │
│ │ └────────┘    │(一般伺服器)│  │(一般伺服器)│ │    │
│ │               └─────────┘  └─────────┘  │     │
│ └─────────────────────────────────────────┘     │
└─────────────────────────────────────────────────┘
```

灰色塊屬一般伺服器產業可進入發展的新市場領域

圖片來源：作者提供

CHAPTER 4

56 微控制器晶片商

應用處理器晶片是手機內最高價且核心的部份,並嘗試延伸到個人電腦、車用、無人機、機器人等領域,而未來基地台與核網則會逐漸往標準、一般伺服器系統靠攏,因此伺服器相關晶片將日益重要。

而前述也提到應用處理器難以進入物聯網(也包含穿戴式電子)等更嬌小裝置的領域內,此類型裝置內的主要晶片為微控制器晶片(Microcontroller,或稱 Microcontroller Unit, MCU),可想見的未來 5G、6G 物聯網裝置也將越來越多,微控制器晶片也將因此受惠。

- **物聯網晶片領域參與者眾**

事實上應用處理器晶片商也看到了 5G 物聯網裝置晶片需求的商機,多數也進入這個領域提供晶片方案,如高通、聯發科、紫光展銳、海思半導體等,但還有更多傳統微控制器晶片商也對此躍躍欲試,並早在 4G/LTE 時代即有耕耘市場如挪威 Nordic Semiconductor、歐洲意法微電子(STMicroelectronics, ST/STMicro)等。

此外也有許多從 4G/LTE 就切入市場的新興晶片商,如以色列 Altair Semiconductor(2016 年 由 Sony Semiconductor Israel 收購,已屬於索尼)、法國 Sequans Communications、美國 GCT Semiconductor、中國大陸的匯頂科技(Goodix)等。

另外大廠也會購併有技術性的新創以提高自身在 4G、5G 物聯網晶片市場上的競爭力,如 2020 年意法微電子收購 BeSpoon、Riot Micro 即為了強化自身在物聯網、超寬頻(Ultrawide Band, UWB)領域的技術能力。

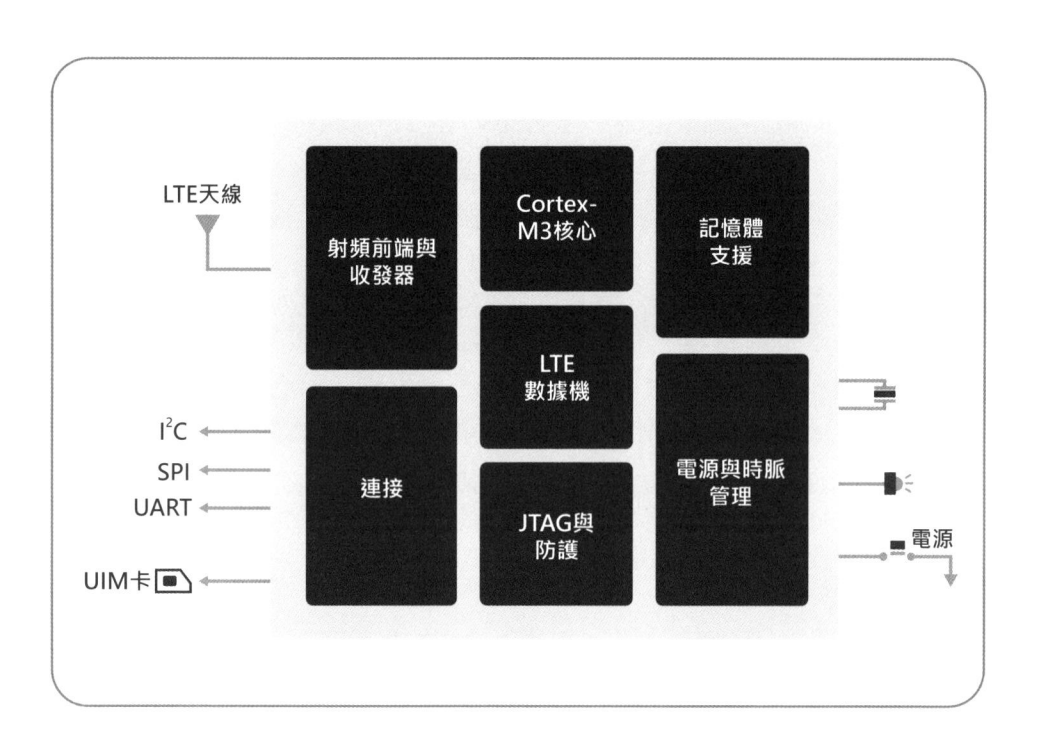

典型 4G/LTE 物聯網（NB-IoT）微控制器晶片：Qualcomm 212 LTE IoT Modem 內部功能圖

圖片來源：高通

CHAPTER 4

57 矽智財供應商

智慧財產權（Intellectual Property, IP）簡稱智財，如藥物配方、程式碼等，而電路設計也是一種智慧財產，可以收費後授權他人使用該電路，也由於晶片內的數位微型電路多是以矽（Silicon, Si，大陸稱為硅）元素為基礎材料再行加工而成，故電路設計也稱為矽智財（Silicon IP, SIP）。

由於晶片日益複雜，很難有一家公司從無到有設計出一顆完整晶片，為了讓晶片盡快設計完工，盡快進入市場（Time-To-Market）銷售獲得收益，通常會有部份電路直接付費向他人購買，比起漫長的從無到有自力打造，權衡之下善用他人電路較為合算。

- **授權商扮演軍火商的角色**

針對5G電路設計的授權目前已有多家業者提供，如電子設計自動化（Electronic Design Automation, EDA）軟體業者的益華電腦（Cadence，NASDAQ: CDNS）、新思科技（Synopsys，NASDAQ: SNPS）等均有，前者有5G基頻與邊緣運算等電路設計可供授權使用，後者也針對5G基礎建設、5G手機提供不同的電路設計。

電子設計自動化業者提供矽智財授權屬於兼業，也有以電路設計而後授權為主業的業者，如美國CEVA（NASDAQ: CEVA）即有6大類的5G相關矽智財可供授權，如Ceva-BX2基頻處理器電路、Ceva-XC3500通訊處理器電路等。

總之矽智財授權業者類似軍火商，提供槍砲彈藥讓真正參與5G（也包含B5G、6G等）戰役的晶片商盡快投入戰場，雖非直接參戰但依然是產業中的重要角色。

CEVA 主張其為全球第一的 5G 與無線通訊矽智財（上左位置）授權商

圖片來源：CEVA

CHAPTER 4

晶片設計服務商

晶片商是要自己在市場上銷售自有晶片，要自己在市場上建立品牌、打開通路、背負庫存壓力等，而前述的矽智財授權商則是軍火供應商，另還有傭傭兵性質的晶片設計服務公司可協助。

或再換個譬喻，晶片商是實際上考場的學子，矽智財授權商是銷售教科書或考古題庫，而晶片設計服務商類似補習班老師或家庭教師，都是間接性支援，而非親自涉入 5G 產業。

無論是矽智財授權或晶片設計服務，都不會是負責晶片商晶片內的最關鍵、最特色的電路設計，均屬加速設計、加速晶片完成上市的角色。

• 設計服務各展所長

設計服務與矽智財類似，有兼營商也有專營商，專營商如台灣智原科技（TSE: 3035）、創意電子（TSE: 3443）、世芯電子（TSE: KY 3661），或中國大陸芯原微電子（VeriSilicon，上交所：688521）等。另外，晶片設計服務也各有所長，有些設計商擅長前段（功效邏輯設計），有些則擅長後段（電路實體化設計），或擅長不同功能不同應用等，無法一概而論。

近年來半導體產業中也有其他開始涉入設計服務，如具有晶圓廠的三星（Samsung，KRX: 005930），或無晶圓廠的晶片商博通（Broadcom，NASDAQ: AVGO）為谷歌（Google）的 Cloud TPU 晶片提供核心功能外的設計服務等。

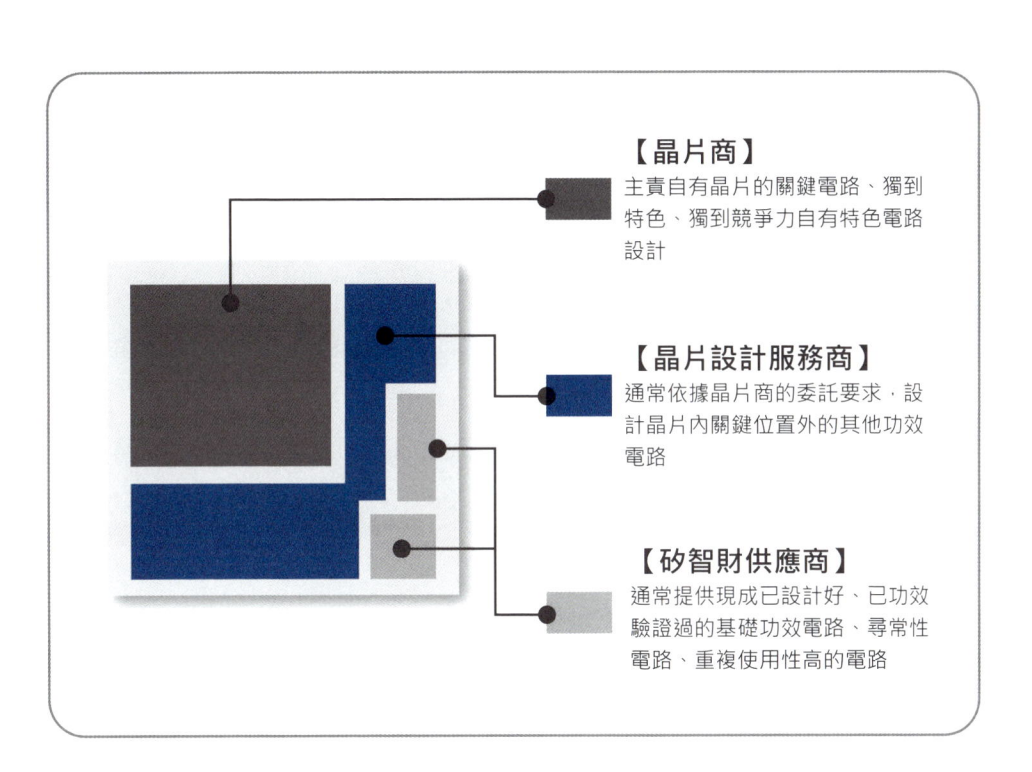

【晶片商】
主責自有晶片的關鍵電路、獨到特色、獨到競爭力自有特色電路設計

【晶片設計服務商】
通常依據晶片商的委託要求,設計晶片內關鍵位置外的其他功效電路

【矽智財供應商】
通常提供現成已設計好、已功效驗證過的基礎功效電路、尋常性電路、重複使用性高的電路

晶片設計服務商角色定位示意圖

圖片來源:作者提供

CHAPTER 4

59 晶圓代工廠

　　既然前面提及各種 5G、6G 基地台、手機、物聯網感測器內需要的晶片，而晶片商無論自力設計、委託設計、取用他人設計（付費取得矽智財授權，或使用部分開放、免授權費的電路）最終完成晶片，而後則需要生產晶片。

　　不過晶片的先進製程（製造流程，Process）技術挑戰難度高，卻又不得不挑戰，因為一旦突破就可讓晶片效能、成本、功耗等表現獲得顯著提升，加上晶片製造設備的昂貴化、產線廠房的昂貴化，導致晶片生產成了一門專精的事業，稱為晶圓代工廠，專門接受其他晶片商的委託，代其生產晶片。

• 晶圓代工廠不只生產晶片

　　談到晶圓代工廠多數投資者都知道台灣積體電路製造公司（TSMC，TSE: 2330）最為有名，但其實晶圓廠如同前述的設計服務公司一樣，也有兼業提供智矽財授權，主要是協助設計經驗還不足的晶片新創商，使其晶片儘快完成，以利投產，主要生意仍是在賺取委託生產。

　　另外，晶圓代工廠為了持續讓晶片保有先進的工程特性表現（即前述的效能、成本、功耗），已不單純追求製程縮密化，也追求晶片疊裝、封裝等技術，因此也部分跨入晶片封裝測試產業，但以先進封裝技術為主，而非尋常性的成熟封裝、成本取向的封裝。

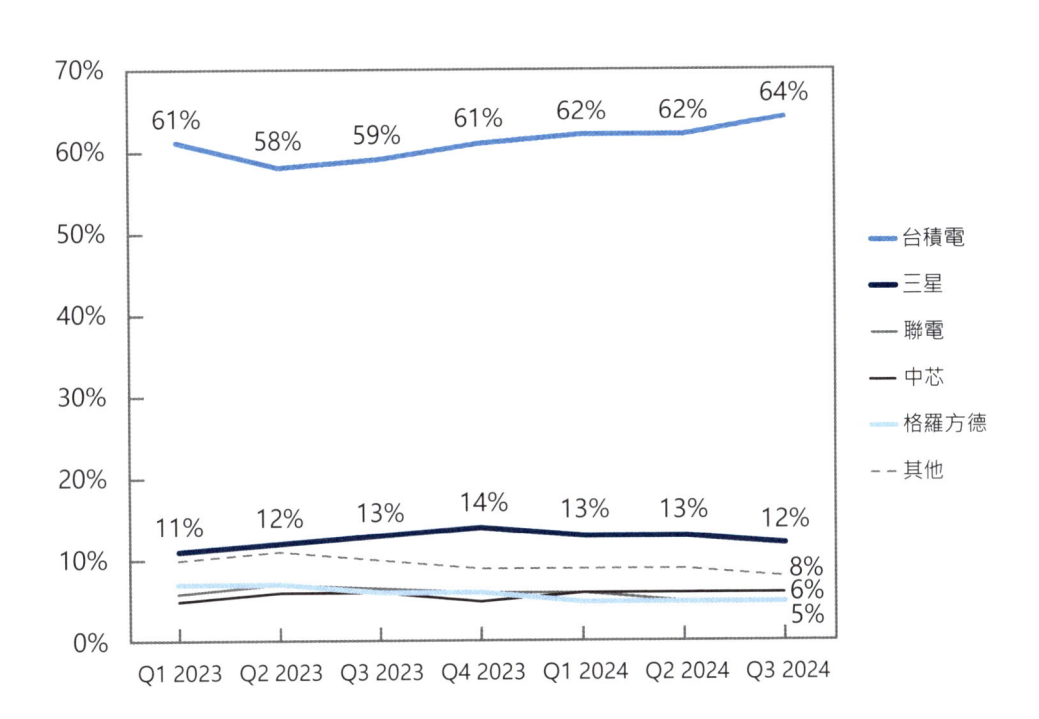

	Q1 2023	Q2 2023	Q3 2023	Q4 2023	Q1 2024	Q2 2024	Q3 2024
台積電	61%	58%	59%	61%	62%	62%	64%
三星	11%	12%	13%	14%	13%	13%	12%
其他							8%
格羅方德							6%
中芯							5%

全球晶圓代工市場業者市佔率比較

資料來源：Counterpoint Research

CHAPTER 4

60 化合物半導體代工廠

台積電的晶圓代工是以矽為主材料，矽為元素，但也有另一種以砷化鎵（GaAs）、磷化銦（InP）為主材料的半導體晶圓製造技術，其他也有碳化矽（SiC）、氮化鎵（GaN）等等，此泛稱為化合物半導體。

矽材的半導體晶片主要是用於數位邏輯電路晶片，如應用處理器、基頻處理器，但化合物半導體晶片則有不同的用途，有些適合用於光電產品，如發光二極體（Light-Emitting Diode, LED）、太陽能板等，有些適合大電力的功率型晶片，如矽控整流器（Silicon Controlled Rectifier, SCR）、絕緣閘極雙極性電晶體（Insulated Gate Bipolar Transistor, IGBT）等，有些則適合用於無線射頻晶片。而之前提及的射頻晶片、射頻類比前端晶片、射頻元件等，多倚賴化合物半導體技術來製造實現。

• 台灣的化合物半導體三雄

按理而言，無線射頻晶片的強者是前述的 Skyworks、Qorvo 等，但他們屬於既有射頻晶片設計也有射頻晶片製造（自有廠房）的經營型態，有時市場供需調節需要，也需要將部分訂單轉給專門只提供化合物半導體代工製造的業者，如台灣的穩懋半導體（TSE: 3105）、全新光電科技（TSE: 2455）、宏捷科技（TSE: 8086）等。

更簡單說，射頻晶片需求量大時，Skyworks 等業者也無法把訂單轉給台積電，因台積電擅長矽基的數位邏輯電路。只有高度成熟、高度成本取向、高整合取向的射頻晶片是以矽基方式實現（但也犧牲、妥協若干無線收發效能），方可能轉投給台積電。

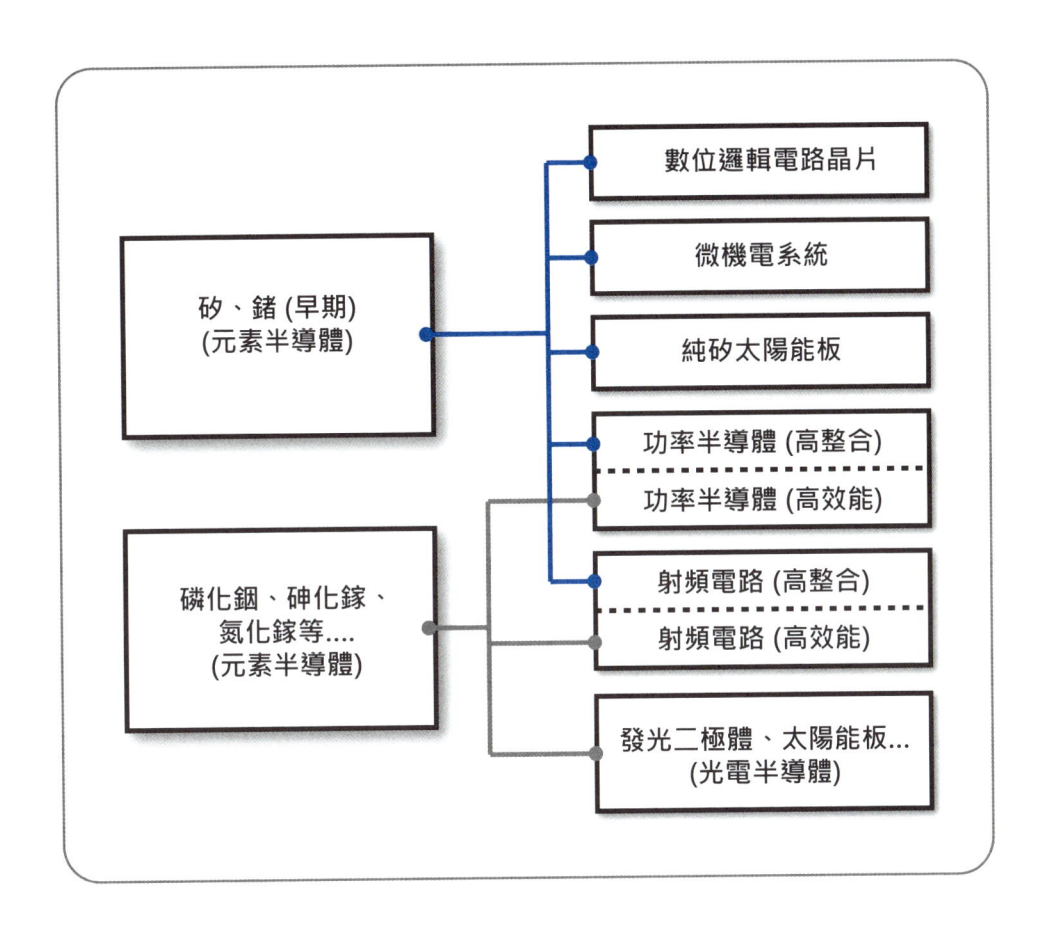

```
矽、鍺 (早期)          ┌──→ 數位邏輯電路晶片
(元素半導體)  ─────────┼──→ 微機電系統
                       ├──→ 純矽太陽能板
                       ├──→ 功率半導體 (高整合)
                       │    ─ ─ ─ ─ ─ ─ ─ ─
                       │    功率半導體 (高效能)
磷化銦、砷化鎵、        ├──→ 射頻電路 (高整合)
氮化鎵等....   ─────────┤    ─ ─ ─ ─ ─ ─ ─ ─
(元素半導體)           │    射頻電路 (高效能)
                       └──→ 發光二極體、太陽能板...
                            (光電半導體)
```

元素半導體、化合物半導體概略用途分類

圖片來源：作者提供

註1：也不排除有完全無晶圓廠，但專心致力於設計無線射頻晶片的晶片商（業界稱 Fabless），而後找代工廠投產，但晶片商依然自主晶片品牌、通路、庫存。

註2：上圖為概略分類，例如純鍺的元素半導體依然有若干特定用途，或微機電系統也可用其他材料（如皋分子材料、金屬等）或技術實現。

CHAPTER 4

61 通訊模組代工商

想要讓裝置、設備具有 5G（包含 B5G、6G）通訊能力，必須在其內部的板卡上具有基頻晶片、射頻晶片，最直接的方式是在內部主電路板上焊上晶片，但如此缺乏彈性。有許多硬體是以半完成品的型態放於庫存，等到接到訂單後，才進行更完整具體的配置，而後出貨，這時客戶不一定要 5G 通訊功能，可能要 Wi-Fi 或 LoRa 等其他通訊技術的功能，這時就必須保有換替彈性。

為了保有彈性，通常是在主電路板上設置連接器，再透過連接器連接子卡、子電路板，或稱通訊模組，以此獲得裝配彈性，例如筆記型電腦、物聯網感測器節點、物聯網閘道器、家用路由器等產品都有彈性換裝的需求，至於手機、穿戴式電子或極小體積的物聯網感測器節點等，礙於容積有限無法採模組方式彈性裝配。

- **模組製造商眾多應以規模角度檢視**

由於諸多元件商、板卡商都有能力製造、提供通訊模組，且不只是 5G 通訊模組，也包含能製造、提供 Wi-Fi、LoRa 或藍牙（Bluetooth）、Zigbee 等其他的無線通訊模組，故必須用規模量來檢視。

若以此來檢視，則台灣的海華科技（AzureWave，TSE: 3694，和碩關係企業）、環旭電子（USI，SSE: 601231，日月光投控旗下）、啟碁科技（WNC，TSE: 6285，緯創集團）等則為要角。或有中國大陸的移遠通信（Quectel，SSE: 603236）等。

典型 5G 通訊模組子卡圖，採 M.2 介面，可連接 4 組天線（圖上緣位置的 4 個孔），適用於筆記型電腦內

圖片來源：Amazon

CHAPTER 4

62 用戶前置設備代工商

用戶前置設備（Customer Premise Equipment, CPE）的稱呼有些學名，其實即是家戶裡使用的寬頻分享器、Wi-Fi 路由器（router）之類的設備，由於 LTE/4G/5G 的逐漸普及，家戶室內也在信號覆蓋範圍內，故業界也開始推行具備 LTE/4G/5G 通訊能力的寬頻分享器、Wi-Fi 路由器，未來將更為看好。

看好的原因在於，撇除東亞人口稠密外，北美、紐澳等地方地廣人稀，有時寧可用 LTE/4G/5G 等無線通訊提供寬頻上網服務，也不提供銅線、光纖等實體線路到府的上網服務，主要是偏鄉的線路牽佈距離遠（投資大），但偏鄉家戶數有限（回收慢）。

- **平價網通裝置代工為台廠天下**

想見的未來，家家戶戶從有線 Wi-Fi 路由器升級成具 5G（B5G、6G）通訊能力的路由器，其他餐廳咖啡廳也是如此，則是極大的商機，而負責代工生產這類平價網通設備（用戶前置設備屬於這類）的業者，則以台廠居多。

例如中磊（SERCOMM，TSE: 5388）、智易（Arcadyan，TSE: 3596）、明泰（TSE: 3380）、正文（Alpha Networks，TSE: 3380）等，不勝枚舉。

前述以製造代工為主，而台灣也有若干品牌路線的用戶前置設備商，如友訊（D-Link）、華碩（ASUS，TSE: 2357）、訊舟（EDIMAX，TES: 3047）等，不過就全球市場角度而言佔比不高，故主要商機依然會落在全球規模性的製造代工業務上，包含品牌商下代工訂單，或各地的服務營運商下訂單。

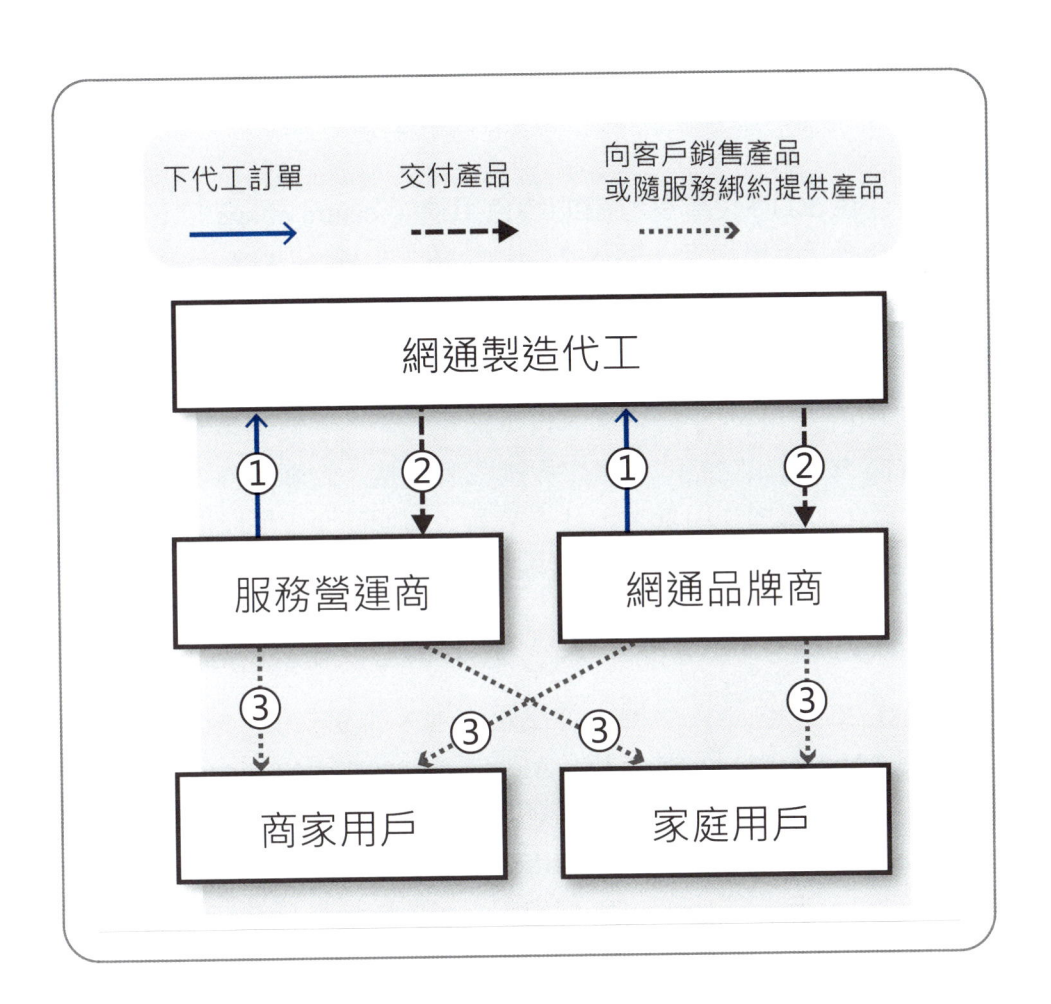

用戶前置設備代工產業鏈簡圖
資料來源：作者提供

CHAPTER 4

63 智慧手機商

過往在 2G 時代還有所謂的特色手機（feature phone），意即比單純語音通話手機再多一點操作功能特色，但進入 3G 時代後便逐漸全面換替成智慧手機（Smart phone），至今除了少數特有訴求手機（如老人機、兒童機）外，幾乎人人都是使用智慧手機。

而不可諱言的，手機依然是行動通訊的最大宗終端裝置，遠多過具有 4G、5G 通訊功能的筆電，而講究大用量、大範圍佈署的物聯網裝置也還在加緊增加用量中，往未來看，短期甚至中期時間內，手機依然會是 5G/B5G/6G 的最主要終端裝置。

- **品牌智慧手機由韓、美、中主佔**

過往 2G、3G 時代手機品牌風起雲湧，如愛立信（Ericsson）、諾基亞（Nokia）、阿爾卡特（Alcatel）、西門子（Siemens）、摩托羅拉（Motorola）等，均已淡出或出脫。4G 開始的智慧手機主要為三星（Samsung，KRX: 005935）、蘋果（Apple，NASDAQ: AAPL）、小米（Xiaomi，HK: 1810）、廣東移動通訊（OPPO）、維沃移動通信（vivo）等。

除了品牌外，如同前述的用戶前置設備般，以台股投資角度而言，手機背後的代工產業才是值得關注與投資的，另一值得重視的是手機商日益強調自主晶片發展而非單純外購晶片，如此或可能衝擊聯發科技（MediaTek/MTK，TES: 2454）的手機晶片銷售，但前期的自力發展也需要聯發科技的技術協助，如同谷歌（Google）自主的手機晶片也接受三星手機晶片部門的技術支援。

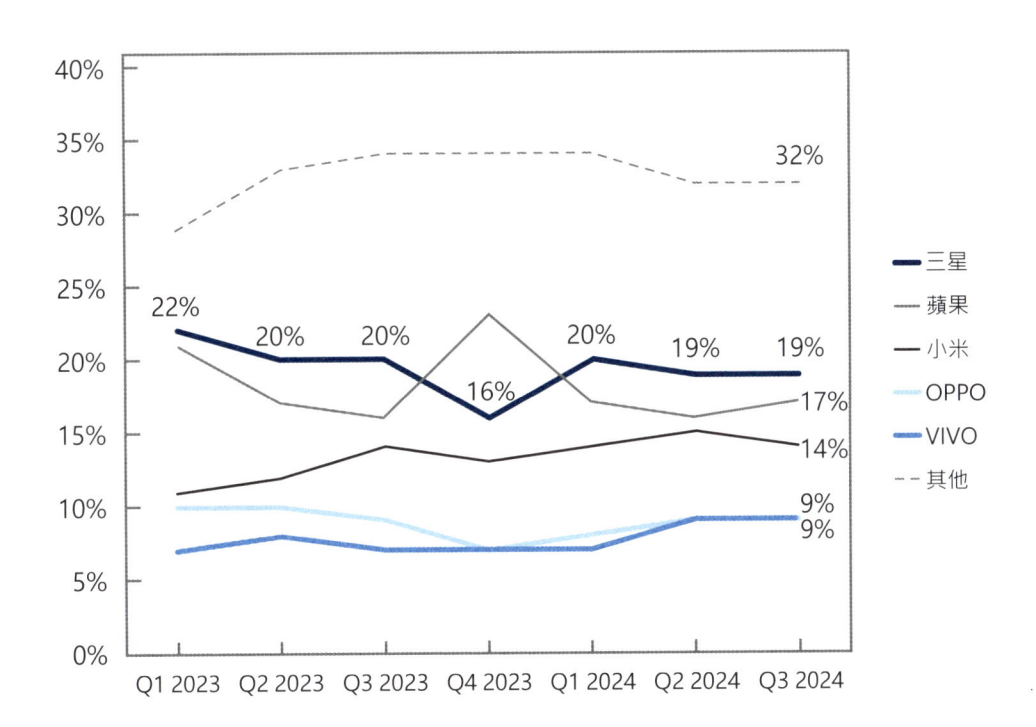

全球智慧手機品牌商市佔率比較

資料來源：Counterpoint Research

CHAPTER 4

64 行動電腦商、平板電腦商

3G 時代第一大訴求就是行動寬頻（Mobile Broadband, MBB），比起 2G 時代各種小技術提升，從而數百 kbps 微薄資料傳輸數據相比，3G 讓行動通訊進入 Mbps 級時代。

如果 Mbps 以上的上網傳輸率只能持續用於手機上實在有些可惜，故也開始往筆記型電腦上推展，或者是平板電腦上推展，乃至智慧手錶等，其中又以筆記型電腦的需求最被看好，畢竟多數的重度資料處理與應用均在筆記型電腦上，以及資深的上網用戶仍可能鍾情使用電腦上網。

雖然筆電也能用 Wi-Fi 上網，但缺點是幾乎只能定點使用，至多走動使用，Wi-Fi 難以做到服務端的快速接替換手服務，快速移動下會斷訊，如此依然需要使用 3G/LTE/4G/5G 的行動寬頻數據（資料）傳輸服務，確保高速移動下仍流暢通訊不間斷。

- **檢視筆電、平板主佔商**

檢視全球主要的筆電業者，主要有聯想（Lenovo，HK: 0992）、惠普（Hewlett-Packard, HP，NYSE: HPQ）、戴爾（Dell，NYSE: DELL）、蘋果（Apple，NASDAQ: AAPL）、宏碁（acer，TSE: 2353）、華碩（ASUSTek/ASUS，TSE: 2357）。

至於平板方面，業者版圖態勢較為類似智慧手機，以蘋果、三星為主佔，其他業者在全球僅有零星市佔量，多數低於 5%，其中也包含自電腦領域延伸來的聯想，或從手機領域延伸來的小米等。

除品牌商外，平板、筆電、手機等代工商，如廣達（Quanta，TSE: 2382）、仁寶（Compal，TSE: 2324）、和碩（Pegatron，TSE: 4938）、鴻海（Foxconn，TSE: 2317）等也值得關注。

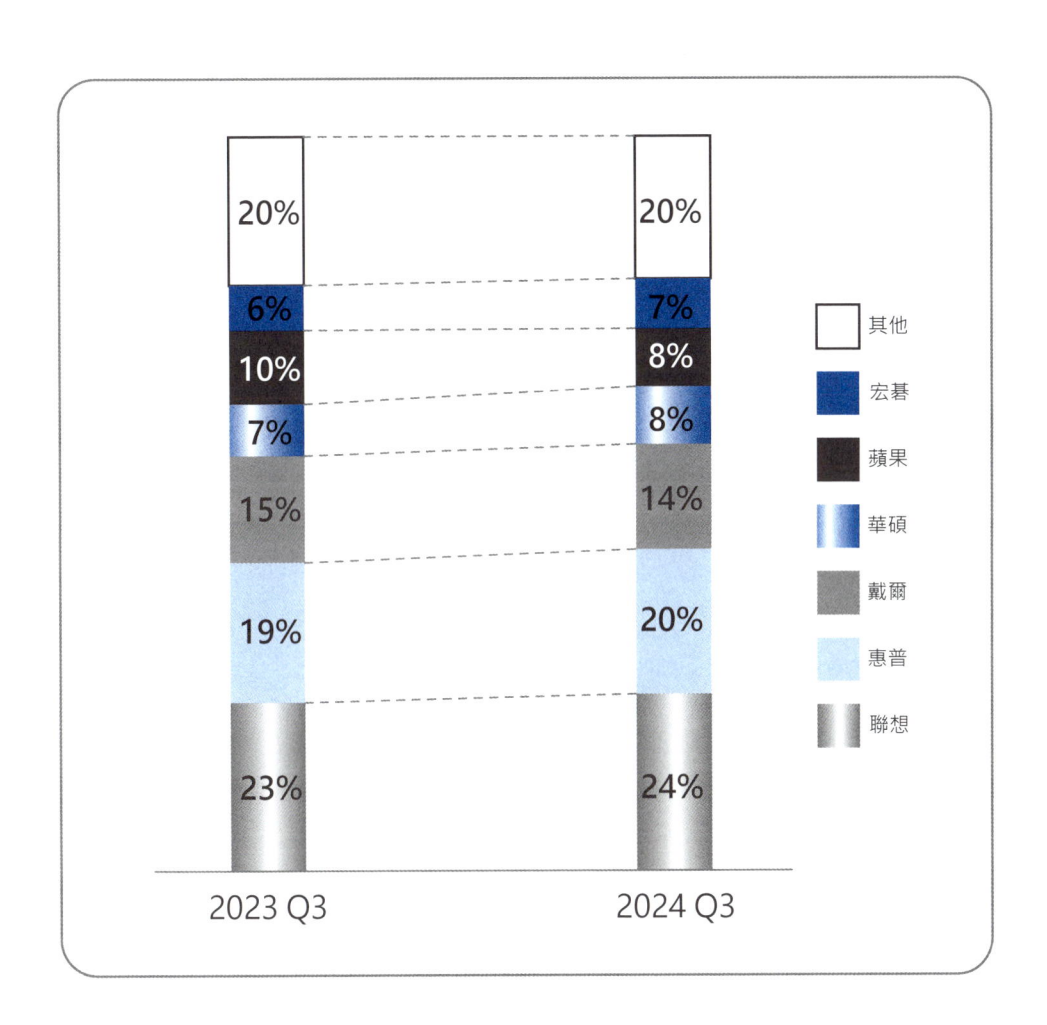

	2023 Q3	2024 Q3
其他	20%	20%
宏碁	6%	7%
蘋果	10%	8%
華碩	7%	8%
戴爾	15%	14%
惠普	19%	20%
聯想	23%	24%

全球 2023 年、2024 年第三季 PC 業者出貨量佔比

資料來源：IDC 國際數據資訊新聞稿

CHAPTER 4

65 物聯網、穿戴電子商

物聯網與穿戴式電子（Wearable Electronics）約是 2013 年、2014 年由 Intel、台積電提出而開始受業界關注，而後 4G 後期開始加入物聯網的支援，穿戴式電子初期雖未特別定義支援的規範標準但也在設想的應用內。

一直到 5G 正式標準頒佈後的更新版標準 3GPP R17 才有特別定義支援，稱為 Reduced Capability（RedCap，少有中文直譯），RedCap 將公眾場合使用的視訊攝影機（不用線路回傳影像，用 5G 通訊）、穿戴式電子等均納入支援，甚至可以說 RedCap 是在原有 eMBB、mMTC、uRLLC 三角訴求外，於核心位置又補上一塊訴求。

・市場仍待沉潛、醞釀

物聯網、穿戴式電子很明顯在單價上難以高於智慧手機、筆電，但未來可能用量巨大，例如家家戶戶的電錶用 5G 物聯網直接抄表，家裡的老人、小孩、寵物都配戴穿戴式電子以照顧安全避免丟失等，現階段「價格 x 產量」獲得的營收規模低於手機、筆電，但卻有成長、超越的潛力。

不過，這塊市場「人人有機會，個個沒把握」，現階段主要的穿戴式業者主佔商可能為智慧錶（Smartwatch）的 Apple，其餘可能有 Garmin、Samsung、Google 等，智慧手環可能更紛雜。

物聯網也分產業型與家用型，甚至是關鍵傳輸型（低延遲、資料高正確性，即 uRLLC），則更顯紛亂，家庭型或者也由 Apple、Google 等所主導，如智慧喇叭、防丟器等產品。

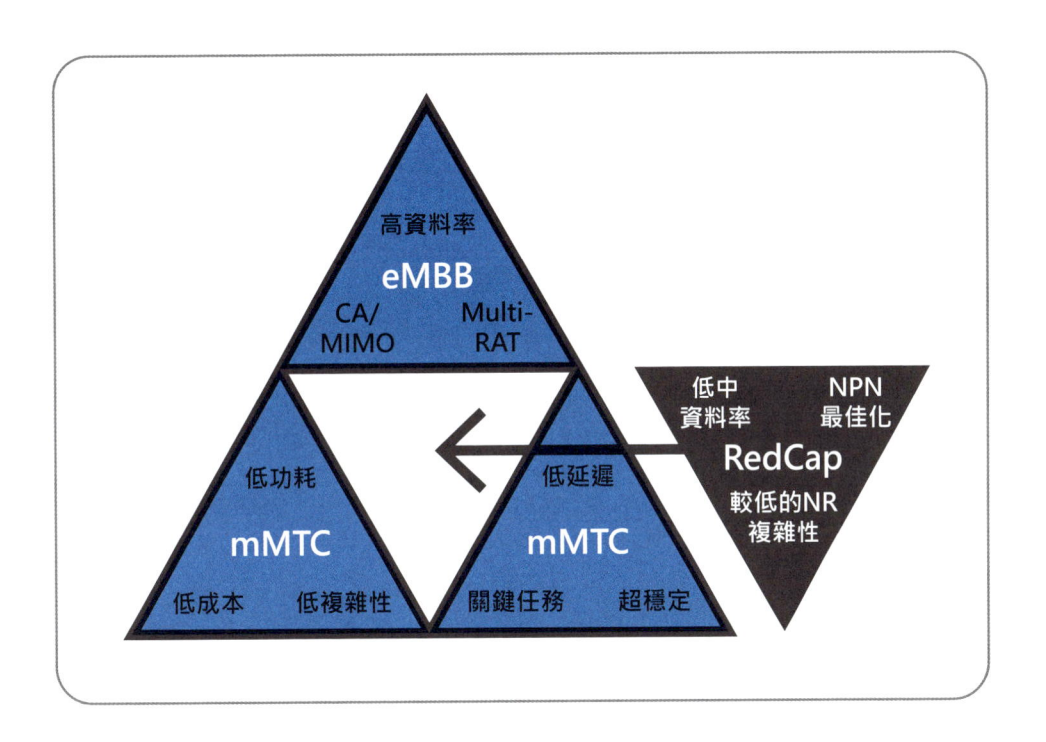

針對穿戴式電子應用傳輸需求 3GPP 於 R17 版中增補定義出 RedCap 標準，補足三大通訊取向中的一塊

圖片來源：u-blox

CHAPTER 4

66 工控電腦商、邊緣運算設備商

過去 4G 時代工控電腦（Industrial Control PC/Industrial PC）領域與行動通訊關連不大，但進入 5G 時代則不然，5G 為了追求傳輸的低延遲性，不再堅持所有運算都在核網內，部分核網功能允許移至基地台端，就近提供服務反應，因而提出了行動邊緣運算（Mobile Edge Computing, MEC）主張。

另外，隨著 4G、5G 物聯網應用增多，許多應用是在大型嚴苛環境中，如礦場、發電廠等，這類環境消費性電子產品耐受性不足，需要強固型的物聯網裝置、物聯網閘道器（許多是以工控電腦充當而成）。

加上 5G 追求高度開放，追求裝置、設備等更強大的量價均攤（規模成本）效應，積極推行 5G 專網（5G Private，或稱 Private 5G, P5G），意思是不再堅持由電信服務營運商設置 5G 設備、提供營運服務，企業也可自購設備自營專屬自用服務。在如此推動下，使工控電腦、邊緣運算設備商有了新市場機會。

- **工控電腦股值得關注**

至此很明顯的，台灣在全球工控電腦領域佔有一席之地，相關業者均在 5G 的 MEC、P5G 上有新發展機會，相關業者如研華電腦（Advantech，TSE: 2395）、凌華科技（ADLink，TSE: 6166）、艾訊（Axiomtek，TSE: 3088）等，台灣約數十家掛牌的工控概念股，均是值得留意的目標。

既然業者眾，也容易淪於選擇無力，因此建議進一步關注業者的重要結盟、重要訂單等資訊。

	業者	代號		業者	代號
1	倫飛	2364	21	廣錠	6441
2	研華	2395	22	碩豐	6536
3	友通	2397	23	維田	6570
4	神基	3005	24	研揚	6579
5	威強電	3022	25	普達系統	6599
6	艾訊	3088	26	緯穎	6669
7	拍檔	3097	27	鑫創電子	6680
8	融程電	3416	28	和暢科技	6825
9	安勤	3479	29	宸曜	6922
10	鴻翊	3521	30	攸泰科技	6928
11	泓格	3577	31	AMAX-KY	6933
12	磐儀	3594	32	博來科技	7562
13	精聯	3652	33	廣積	8050
14	事欣科	4916	34	伍豐	8076
15	青雲	5386	35	振樺電	8114
16	欣技	6160	36	公信	8119
17	凌華	6166	37	新漢	8234
18	飛捷	6206			
19	樺漢	6414			
20	瑞祺電通	6416			

台灣工控電腦概念股

資料來源：作者提供

CHAPTER 4
67 專屬通訊設備商

過往從 1G 到 4G，行動通訊的基地台端、局端（核心網路端／核網端）都是以專屬設備來建構，進而營運，主要的設備供應商如歐洲的諾基亞（Nokia）、愛立信（Ericsson）等，歐洲業者過去是手機、基地台、核網三者一把抓，但之後手機業務逐漸淡出，仍保有基地台、核網等業務。

另外，中國大陸幅員遼闊，也非常需要行動通訊，故在基地台等相關後端設備上，也積極扶植國家自立，因而有華為（Huawei）、中興通訊（ZTE）、大唐電信（Datang，SSE: 600198）、烽火通信科技（FiberHome，SSE: 600498）等基地台商。

進一步的，美國思科（Cisco，NASDAQ: CSCO）也積極進入行動通訊局端領域，三星（Samsung）在智慧手機領域大有斬獲後，也嘗試進入後端的基地台等領域。

• 開放競爭下仍有價值

不過到了 5G 時代，基地台與核網逐漸可用標準伺服器並搭配軟體方式來實現，服務營運商不再必然要採購前述業者的專屬硬體來建置、營運，如此設備商可能面臨較大的業務壓力。

即便如此，中短期內專屬設備商依然有優勢，一是開放性方案初期必然需要各種摸索，設備與服務的效能、穩定性、安全性等均有待歷練，保守的營運商依然會選擇專屬設備，不一定擁抱開放設備。

二是即便上述設備商全面退去硬體設備業務，依然保有設備上的軟體技術優勢，可提供技術授權、技術服務。

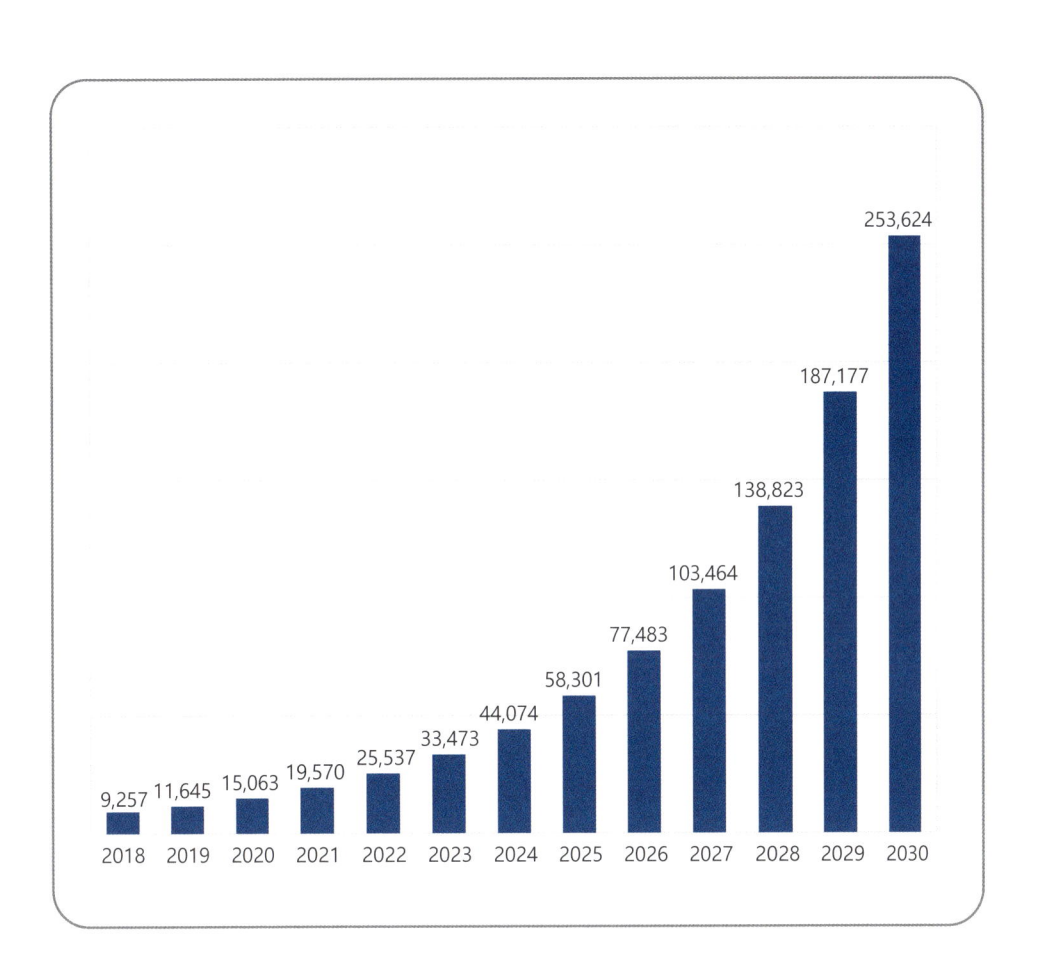

年份	金額
2018	9,257
2019	11,645
2020	15,063
2021	19,570
2022	25,537
2023	33,473
2024	44,074
2025	58,301
2026	77,483
2027	103,464
2028	138,823
2029	187,177
2030	253,624

全球 5G 基地台市場預估，2024 年至 2030 年間的年均複合成長率達 33%（單位：百萬美元）

資料來源：Grand View Research

CHAPTER 4-68 測試設備商

前述的各項硬體產品研發、驗證等都需要用到量測儀器、量測設備，現行已購買的儀器、設備或許可用，但由於行動通訊日益朝更高頻率發展，現行儀器設備可能無法量測更高頻的信號及其他新特性，故必須升級、添購更新穎先進的量測設備。

不僅晶片的開發測試需要用儀器設備，模組子卡製造後測試驗證也需要，裝置或設備的研發也需要，且無線通訊產品涉及電磁相容（Electromagnetic Compatibility, EMC）、電磁干擾（Electromagnetic Interference, EMI）等測試，所以測試服務商也需要升級添購，乃至服務營運商也可能需要。

• 長期國外業者主導的領域

雖然測試設備也會因 5G 而水漲船高，但可惜的是台灣在此領域著墨的業者不多，更遑論主佔位置，主要業者多為外商，例如美國的是德科技（Keysight，NYSE: KEYS，過往為惠普 HP、安捷倫 Agilent）、國家儀器（National Instruments, NI，NASDAQ: NATI）、日本的安立知（Anritsu，TYO: 6754）。

或者是美國的捷迪訊通訊技術（VIAVI，NASDAQ: VIAV）、泰瑞達（Teradyne、NYSE: TER）、太克科技（Tektronix，2019 年後屬於 Fortive，NYSE: FTV），德國的羅德史瓦茲（Rohde & Schwarz, R&S）等。

除了難研發、提供先進的 5G 測試設備外，設備的先進性也讓台廠較無機會代工，設備的代理銷售或相關支援也偏向本土性、區域性，難有更大業務規模。

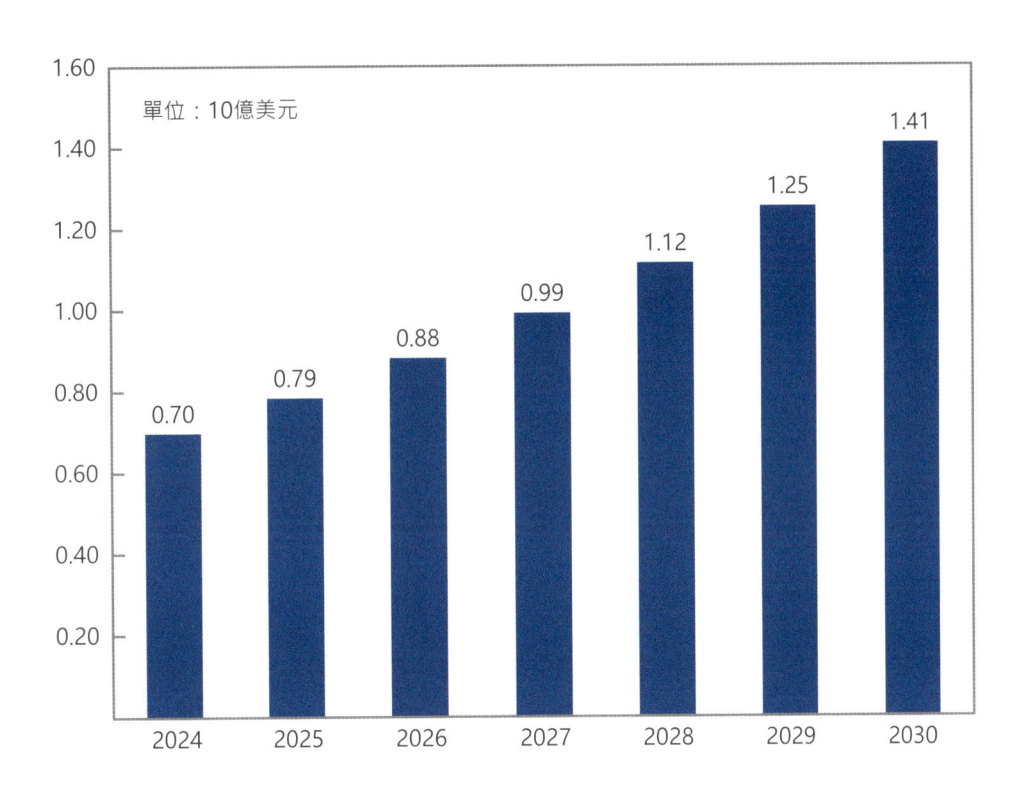

年份	金額（10億美元）
2024	0.70
2025	0.79
2026	0.88
2027	0.99
2028	1.12
2029	1.25
2030	1.41

Meticulous Research 預估全球 5G 測試市場 2024 至 2030 年年均複合成長率為 12.4%

資料來源：Meticulous Research

CHAPTER 4

69 5G/6G 硬體新創商

前述的業者都是現有資通訊產業鏈的業者，角色與定位已經確定，因 5G、6G 的新發展而進行擴展延伸，但無論哪個世代都有新業者嘗試進入市場，事實上 3G 時代至今的手機晶片主佔商高通（Qualcomm）早期在 2G 時代即試圖進入市場，但因既有大廠的綿密專利佈局與高技術授權費而放棄 2G 市場，選擇積極佈局 3G 專利與市場，從而翻轉成為主佔商。

手機也是如此，此前已提及歐洲手機幾乎全面退出市場，而後美國、南韓品牌手機崛起，更之後中國大陸手機品牌商崛起。因此，每一次的行動通訊世代交替都可能造成新翻轉。對投資者而言，不得不留意現行主佔之外的新可能。

・從更特定市場、更低廉等不同角度切入

舉例而言，如盧森堡的硬體新創商 OQ Technology 就積極發展 5G 衛星通訊的物聯網應用，其自製的 5G 衛星收發器裝置可以連接 1,000 個以上的物聯網感測器，適合大型設施廠房的現場監督、廣袤農場監督、港口狀態監督等產業應用。

或如美國新創晶片商 EdgeQ，以開放免費的 RISC-V 核心打造 5G 邊緣運算（鄰近於 5G 基地台）所需的處理器，理論上其價格可比其他專屬授權架構的晶片更低廉。

其他新創商也多不勝數，如美國新創 Cobalt Solutions 提出 5G 被動雷達（Passive Radar），或專精開發 5G 毫米波晶片的 Movandi 等。對追求前期佈局、高風險但也可能高回報的投資者而言值得留意。

可收集大量 NB-IoT、LTE-M 裝置的感測數據後，再上傳給衛星的 OQ Technology 閘道器硬體裝置。

圖片來源：OQ Technology

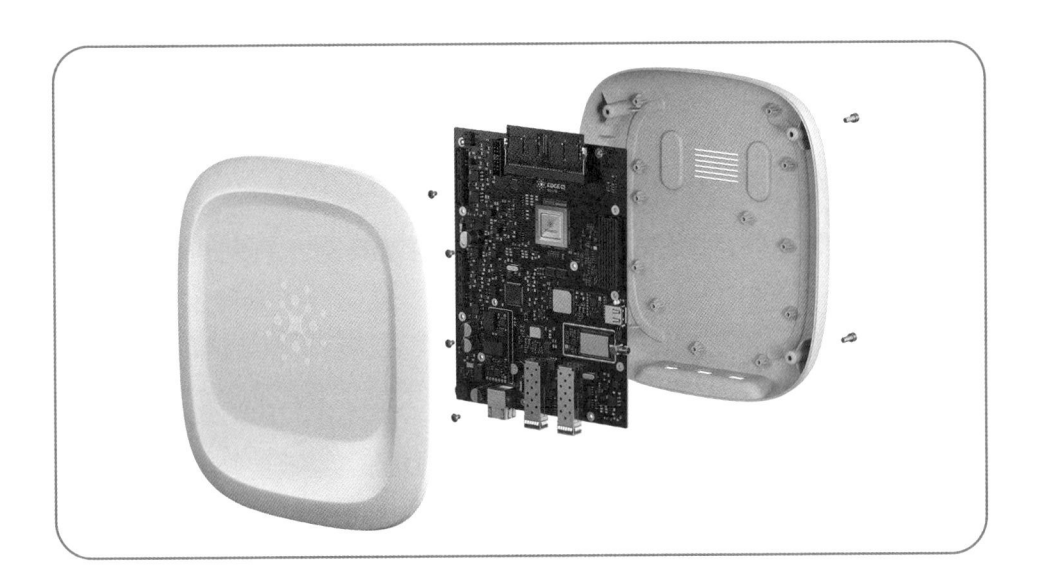

EdgeQ 標榜其晶片為「Base Station-on-a-Chip」，圖為用其晶片打造成的 Small Cell 5G（也支援 LTE）基地台。

圖片來源：OQ Technology

CHAPTER 4

硬體產業鏈小結

▶ 70

前面連續說明了 19 個領域，有可能各位已經暈頭轉向，因此最後我們用一張圖的總結概括。

圖中最粗的線條是個分水嶺，線左的領域為參與運作領域，即 6G 通訊上的實際裝置、設備以及內部板卡、晶片；線右的領域偏向輔助支援、加速實現的角色，如晶片設計代工、晶片製造代工、測試設備等。

在實際參與 6G 通訊服務運作的這一大塊中，由下往上又分成三個層次，底層為晶片層次，往下一層為板卡層次，更往上則為設備、裝置層次，設備如基地台、核網設備，裝置則是終端用戶裝置，如筆電、智慧手機、智慧錶、物聯網等。

- **供應鏈龐雜難以盡數**

圖已經概略含括了 5G/B5G/6G 的硬體產業鏈（新創可能出現在產業鏈中任一位置），但產業鏈畢竟龐大，難以一次描繪全貌，就投資角度而言，過於次之的部份即不在此次說明之列，也就未納入圖中。

例如無線通訊裝置必然要收發天線，但已是偏末梢就暫不談論，或者是 5G 走向局端設備開放後，按道理而言是所有伺服器品牌、伺服器代工領域均可以納入，但那已是另一個龐雜領域。

另外本次看來板卡層次似乎過於薄弱，僅有模組子卡，但其實不同產業中板卡扮演的角色有輕有重，有些介於晶片與系統（泛指完整裝置、設備）間的部份也只能割捨跳略，其他細節如晶片的封裝測試、載板等同樣跳略。

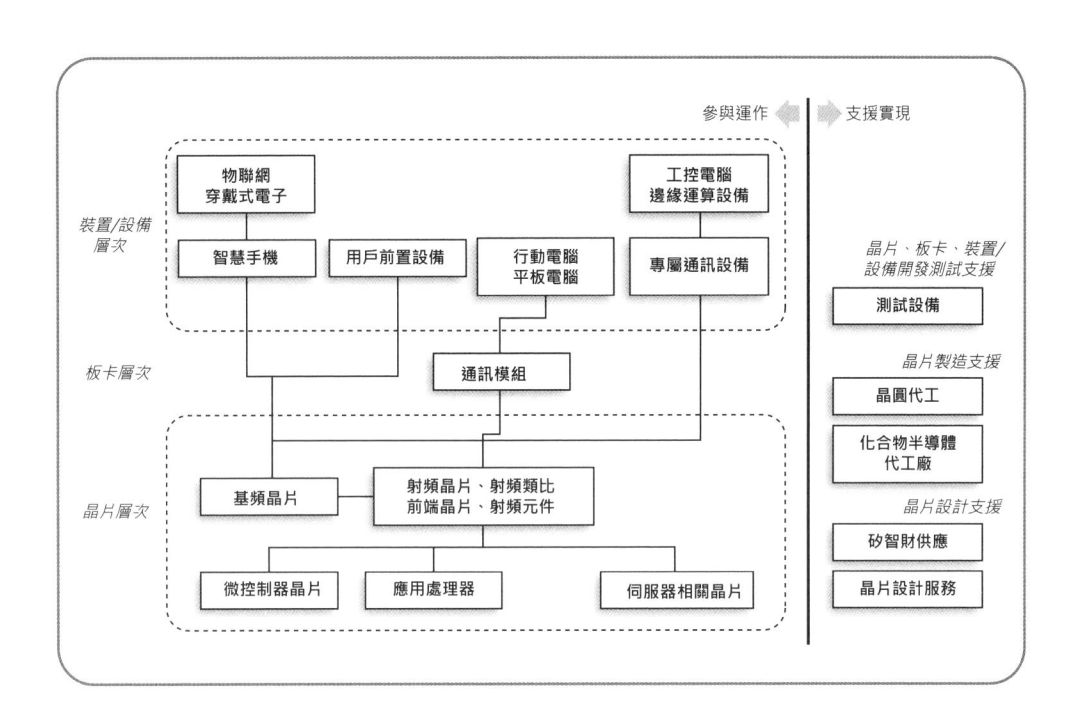

```
                                                        參與運作 ➡  支援實現 ➡

         ┌─────────────────────────────────────────────┐
         │  ┌─ ─ ─ ─ ─ ─ ─ ─ ─ ─ ─ ─ ─ ─ ─ ─ ─ ─ ─ ┐ │
         │    ┌──────────┐          ┌──────────┐       │
         │    │ 物聯網   │          │ 工控電腦 │       │  晶片、板卡、裝置/
裝置/設備 │    │穿戴式電子│          │邊緣運算設備│     │  設備開發測試支援
  層次   │    └──────────┘          └──────────┘       │
         │  ┌──────────┐┌──────────┐┌──────────┐┌──────────┐  ┌──────────┐
         │  │ 智慧手機 ││用戶前置設備││行動電腦 ││專屬通訊設備│  │ 測試設備 │
         │  │          ││          ││平板電腦 ││          │  └──────────┘
         │  └──────────┘└──────────┘└──────────┘└──────────┘
         │  └ ─ ─ ─ ─ ─ ─ ─ ─ ─ ─ ─ ─ ─ ─ ─ ─ ─ ─ ─ ┘   晶片製造支援
板卡層次 │              ┌──────────┐                    ┌──────────┐
         │              │ 通訊模組 │                    │ 晶圓代工 │
         │              └──────────┘                    └──────────┘
         │  ┌─ ─ ─ ─ ─ ─ ─ ─ ─ ─ ─ ─ ─ ─ ─ ─ ─ ─ ┐   ┌──────────┐
         │                  ┌──────────────────┐        │化合物半導體│
         │    ┌──────────┐  │射頻晶片、射頻頻比│        │  代工廠  │
 晶片層次│    │ 基頻晶片 │  │前端晶片、射頻元件│        └──────────┘
         │    └──────────┘  └──────────────────┘       晶片設計支援
         │  ┌──────────┐┌──────────┐┌──────────┐      ┌──────────┐
         │  │微控制器晶片││應用處理器││伺服器相關晶片│    │矽智財供應│
         │  └──────────┘└──────────┘└──────────┘      └──────────┘
         │  └ ─ ─ ─ ─ ─ ─ ─ ─ ─ ─ ─ ─ ─ ─ ─ ─ ─ ┘    ┌──────────┐
         │                                              │晶片設計服務│
         │                                              └──────────┘
         └─────────────────────────────────────────────┘
```

5G/B5G/6G 硬體產業鏈概圖

資料來源：作者提供

CHAPTER 5

5G/6G 衛星、軟體、服務產業鏈

5G後期與6G極大的一個期望是「服務信號100%地表覆蓋」，對此若持續運用傳統佈建手法（地面固網、地面基地台）來拓展面積明顯不切實際，各界將期許寄望在高空平台、衛星領域。

　　因此談及5G、6G就無法迴避衛星產業鏈議題，甚至會若干帶到國防軍工產業，此方面同時也是我國近年積極扶植的產業，包含5+2產業創新計畫、六大核心戰略產業推動方案、五大信賴產業推動方案等，加上仍在極前期階段的高空平台等，都值得先期投資佈局。

CHAPTER 5

衛星產業鏈概覽

據「產業價值鏈資訊平台」中對「太空衛星科技產業鏈」的描述，主張其產業鏈的上、中、下游分別為：設備製造、發射營運及應用服務，此為概略區別，再進一步細部檢視，則製造可再區分出零組件/材料、次系統、整機等，發射營運也可以再分出發射服務、仲介服務（撮合想發射者與能發射者）、營運管理等，下游方面亦同。

其他機構或專文也有不同的環節拆分看法，或者對產業範疇有不同的定義，例如將整體太空產業、航太產業視為一體產業，不單獨談論衛星，將範圍擴大，或也有將範圍縮小，單純僅談低軌衛星產業。

例如歐洲太空總署（European Space Agency, ESA）即提出低軌衛星價值鏈地圖（Low Earth Orbit Value Chain Map），主張產業概分為五個環節，包含：運輸、通訊與導航、平台（指衛星）、設施（指衛星地面站等）、應用等。

・通訊衛星為主要市場

值得注意的是衛星有不同的用途，例如科學觀測（天文研究、氣象描繪、資源探測，也有文章主張描繪與探測應另歸算成遙感應用，以研究應用區別）、軍事用途（佈署偵察、飛彈導引）、導航或通訊（賽事轉播、通話傳訊）等。

在太空軌道的上萬枚衛星中目前以通訊衛星最多，即為了滿足商業活動而發射衛星、營運衛星，若再加入 5G、6G 元素通訊衛星市場必然更活絡。

產業主分類	產業次分類	產業細項
上游 設備製造	零組件／材料	・天線／射頻基頻 ・太陽能板／電池 ・感測器 ・微電子 ・金屬／燃料
	次系統	・酬載 ・通訊 ・航電系統 ・結構 ・電源 ・熱控
	整機	・衛星 ・發射載具 ・太空船 ・地面設備
中游 發射服務	發射服務	
	仲介服務	
	營運管理	
下游 應用服務	通訊	
	影像遙測	
	導航定位	

衛星產業鏈表

資料來源：產業價值鏈資訊平台

CHAPTER 5

衛星主要部件概述

一顆衛星其實是有多個主要部件所構成，大概可分成六個部件，也有其他七部件、八部件之說但差異不大。首先是有個外殼（包含相關支架），好在殼內配置相關部件以及在殼外設置相關部件。

第二是動力（電能），包含設置於殼外的太陽能板與內部的燃料電池等，盡可能讓衛星在太空中長時間運作。三是通訊，包含設置於殼外的天線與內部的通訊電路系統等。

四是動力、控制、導引、姿態穩定部件，同時也包含控制通訊等資料的職掌，可說是衛星的中樞系統。五是熱控制，太空中忽冷忽熱，衛星內的電路系統難以承受，必須時時將溫度調節在可正常運作範圍內。

六是酬載（或稱載荷，運載的負荷部分），是整個衛星的應用角色所在，如果該衛星用於地表觀測研究，則酬載可能配置光學影像感測器；如果是為了提供地表移動車輛、船隻、飛機的導航系統，則又是另一番酬載配置。

・台灣必須從零件到子系統部件

完整的一顆衛星為完整系統，但台灣目前的衛星仍以國家之力實現觀測類、研究類衛星為多，更遑論民間企業打造整顆導航用途或通訊用途等商務型衛星的困難挑戰有多高。

因此，在 B5G/6G 的衛星領域商機上台灣以提供零件為主，更進一步或許可能進入子系統部件領域，即前述的六大部件，整顆衛星難一蹴可幾。

動力(電能)：外部太陽能板與內部燃料電池

通訊：外部天線與內部通訊電路系統

酬載部件：依據不同衛星用途與功能有不同的配置

外殼(包含相關支架)：強固以抗受太空嚴苛環境

控制通訊等資料的職掌

動力、控制、導引、姿態穩定部件：衛星整體的中樞系統

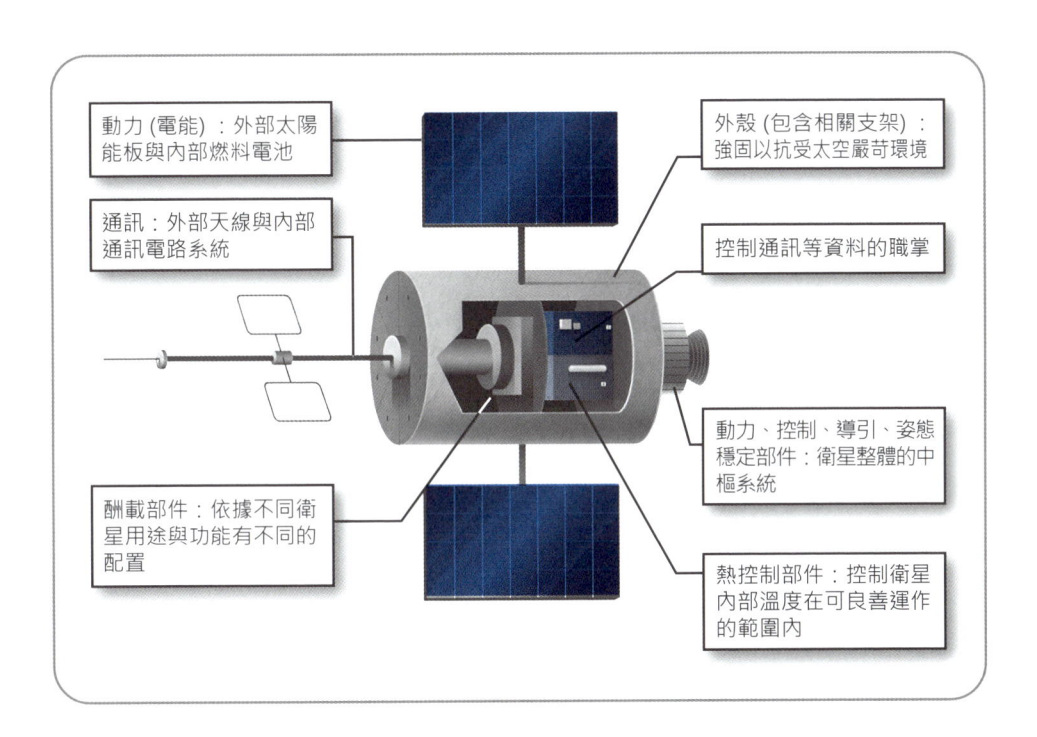

熱控制部件：控制衛星內部溫度在可良善運作的範圍內

衛星主要部件圖

資料來源：SpaceFoundation.org

CHAPTER 5

73 天線、射頻基頻製造商

在太空中的衛星需要與衛星地面站（Ground Station）收發訊息，衛星之間也需要溝通傳遞訊息，或代替其他衛星轉傳訊息，此方面都需要用到無線通訊，如此就需要有業者能製造收發天線（Antenna），製造接在天線之後的射頻（Radio Frequency）電路與系統，更之後則是連接基頻（Baseband）電路與系統。

雖然臉書（Facebook）實驗室、日本索尼（Sony）或研究機構（如美國太空總署 NASA、日本航空宇宙研究開發機構 JAXA）等都在嘗試研發無線雷射（Laser，大陸稱為激光）通訊技術，倘若成功其資料傳輸率將遠勝現有無線射頻技術，但現階段有諸多限制，如信號衰減、易遭受雲霧阻隔等。

・國內外主要參與業者

有關衛星天線、射頻、基頻等的相關製造商，我國主要的上市業者為台達電（Delta，TSE: 2308）、台揚（Microelectronics Technology Inc., MTI，TSE: 2314）、佳世達（2352）、明泰（3380）、同欣電（6271）、啟碁（6285）等；上櫃則有穩懋（3105）、昇達科（3491）、新復興（4909）及宣德（5457）；興櫃也有鐳洋科技（6980）、崴寶（7744）等。

另外電子設計製造的競爭是國際性的，國外業者也必須關注無法小覷，與此領域相關的業者如美國亞德諾半導體（Analog Devices, Inc., ADI；NASDAQ: ADI），或有歐洲意法半導體（STMicroelectronics, STMicro，NYSE: STM），或者是 Anokiwave，但在 2024 年初已由美國威訊聯合半導體（Qorvo，NASDAQ: QRVO）購併。

衛星不可或缺的零件

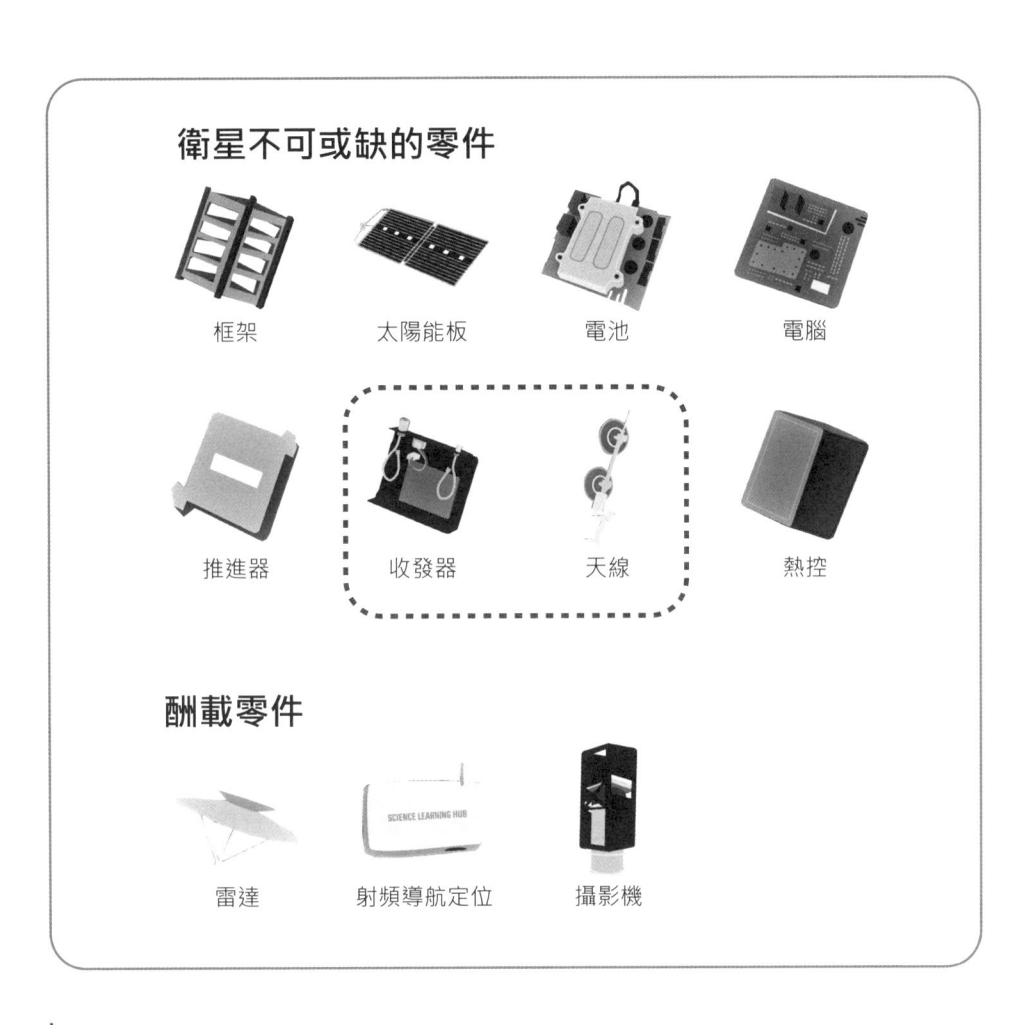

- 框架
- 太陽能板
- 電池
- 電腦
- 推進器
- 收發器
- 天線
- 熱控

酬載零件

- 雷達
- 射頻導航定位
- 攝影機

台灣網通製造代工業或可進入衛星天線、收發器領域

圖片來源：ScienceLearn.org.nz

CHAPTER 5

74 機構件、基板、連接器、光學元件商

除了天線、射頻、收發器外,衛星上也需要太陽能板、電池、感測器以及微電子等零件,台廠在這方面也有業者涉獵,可列入投資評估。

例如公準精密工業(Gongin,TSE: 3178)即有「航太類關鍵零組件」相關業務,如起落架、致動器、致動控制相關零組件等,且已投入超過 20 年,獲得 AS9100、NADCAP(National Aerospace and Defense Contractors. Accreditation Program)等特殊製程認證;或昇達科技(Universal Microwave Technology, UMT,TSE: 3491)有衛星通訊相關的波導元件、多工器、濾波器、機械加工元件,並有諸多零件用於亞馬遜(Amazon)Kuiper 衛星中。

• 多種零件均可能打入衛星供應鏈

另外新復興微波通訊(New Era Electronics, NEE,TSE: 4909)為印刷電路板(Printed Circuit Board, PCB)業者,但可供應衛星所用的特用基板;宣德科技(TSE: 5457)則以連接器(connector)業務為主,但已透露其低軌衛星領域的營收呈現年增表現。

進一步的,崴寶精密科技(W&B Technology Ltd.,TSE: 7744)以機械零件製造為主要業務,如射出成型、壓鑄、精密機械加工等,其累積技術能量與生產能量以承接衛星系統商委託生產的機構件。

或者是專長於光學感測技術的原相科技(PixArt Imaging Inc., PXI,TSE: 3227),投入陣列天線研發的鐳洋科技(PapidTek,TSE: 6980)等也同樣被視為有能量進軍衛星領域的業者。不過這都需要獲得衛星系統商或衛星子系統商的驗證認可,方能開展業務。

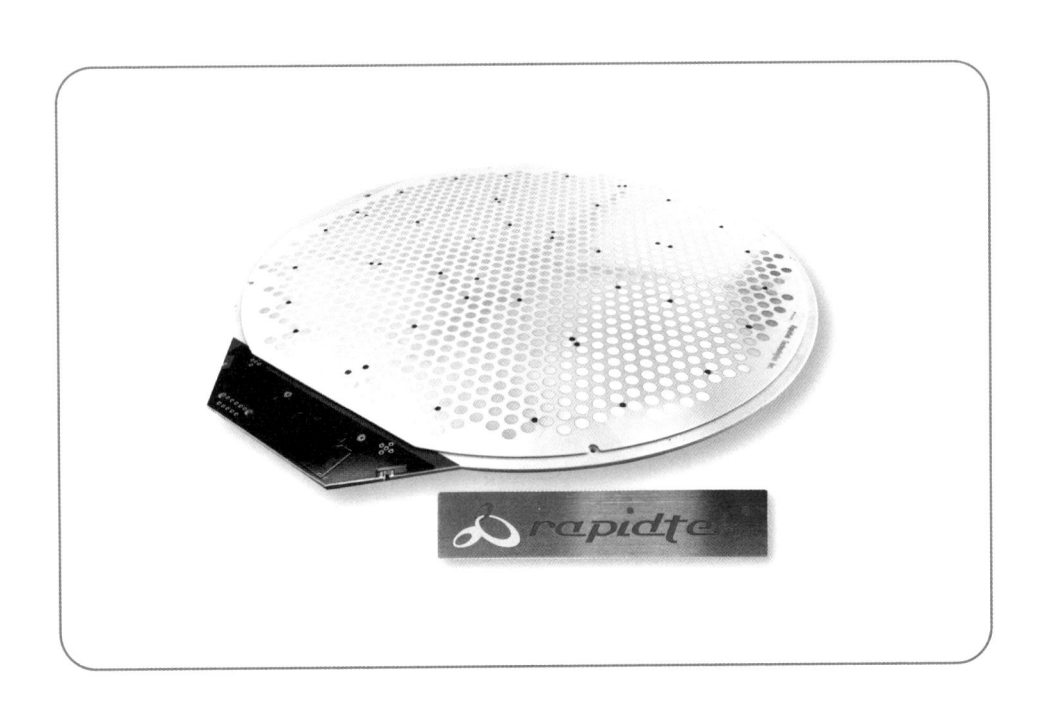

鐳洋科技 ARRC 研究中心研發的陣列天線模組可用於 5G 通訊、低軌衛星通訊

圖片來源：鐳洋科技官網

CHAPTER 5
75 衛星系統商、子系統商

之前已提到，台灣業者目前尚難打入衛星系統（指自主設計並實現整顆衛星）、衛星子系統（前述的大部件）領域，台灣業者短期內將是以零件供應商角色參與衛星供應鏈。

至此各位可能好奇，衛星系統商具體而言為哪些廠商？答案是歐美的航太業者（也有若干業務為民航產品或武器系統），例如美國的波音（Boeing，NYSE: BA）、諾斯洛普格魯曼（Northrop Grumman，NYSE: NOC）、洛克希德馬丁（Lockheed Martin，NYSE: LMT），或歐洲的空中巴士（Airbus，Euronext/BMAD/FWB: EAD）等。

除歐美外也有日本、中國大陸、印度、俄羅斯、以色列、南非等國的衛星系統商，但在商用衛星市場的活絡性多不若前述的歐美主要業者。

• 系統、子系統層面需要諸多歷練

由於一顆衛星要在嚴苛的太空環境中運作數年到數十年，衛星系統設計者要在衛星正式發射入太空前進行諸多測試驗證，包含組裝、整合及測試，電力子系統測試、環境測試、全速率數位信號鏈測試、航電零件測試、電光紅外線（Electro-Optical Infrared, EOIR）/ 影像載酬等。故沒有長期投入難以快速進入市場。

另外，酬載是衛星中的關鍵部分，也是衛星升空任務所在，故酬載方面也有專業業者，如美國 L3Harris（NYSE: LHX）、法國泰雷茲（Thales，Euronext: HO，THLEF:OTC US）等。日後台廠若與上述所提業者有合作、結盟、訂單等消息，即值得進一步關注。

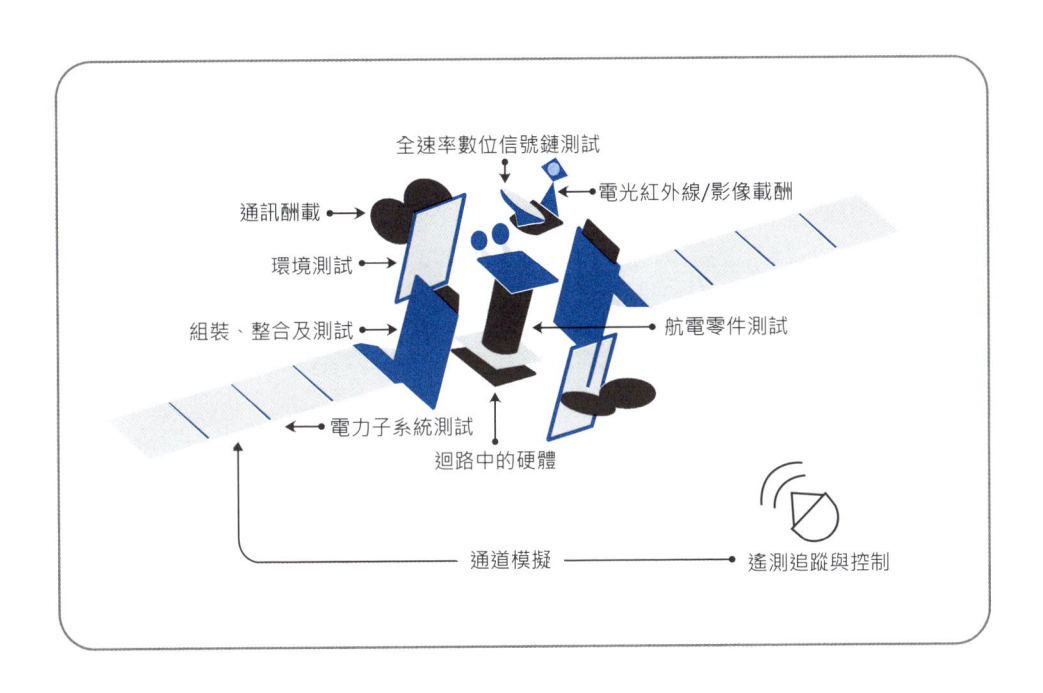

衛星設計開發上需要歷經多種測試驗證

圖片來源：國家儀器（National Instruments Corp., NI）官網

CHAPTER 5

76 衛星發射服務商、仲介商、保險商

衛星位於地面要如何升空到指定的太空軌道上運行？答案是使用火箭。過去或可使用太空梭（Space Shuttle），但因連續事故而停止。其他如維珍集團旗下的維珍軌道（Virgin Orbit）運用高空飛機發射衛星，也因多次事故而停止，故目前仍是以火箭最為成熟可行。

不過火箭每發射升空一次就得丟棄部分推進器，發射成本高昂，因而有 SpaceX 提出「可自動回返降落地面」的火箭構想，發射相關料件可完整回收，期許讓發射成本降低。

目前（至 2024 年底）台灣尚無自主發射火箭至太空的能力，即便是國產衛星也是委託他國代為發射，但南韓已於 2022 年能自主發射，其他如俄羅斯、美國、中國大陸、法國、印度、以色列、日本、北韓、伊朗等均能自主發射。

• 發射服務商、仲介商、保險商

提供代發射衛星服務的業者擁有火箭，主要業者如法國亞利安太空（Arianespace，空中巴士關係企業）、Blue Origin、諾斯洛普格魯曼（也是衛星系統商）、Rocket Lab、SpaceX、聯合發射聯盟（United Launch Alliance, ULA，洛克希德馬丁與波音關係企業）等。

由於發射衛星事關重大風險高（發射失敗損失慘重，且失敗率不低），故也有相關的保險業者，如 Atrium、Marsh、Munich RE 等；或是提供發射仲介服務的業者，如 Nanoracks、SEOPS 等。

雖然台廠短期內無緣進入發射服務市場，但若有台灣業者與上述提及的業者有進一步的合作，均值得持續留心關注。

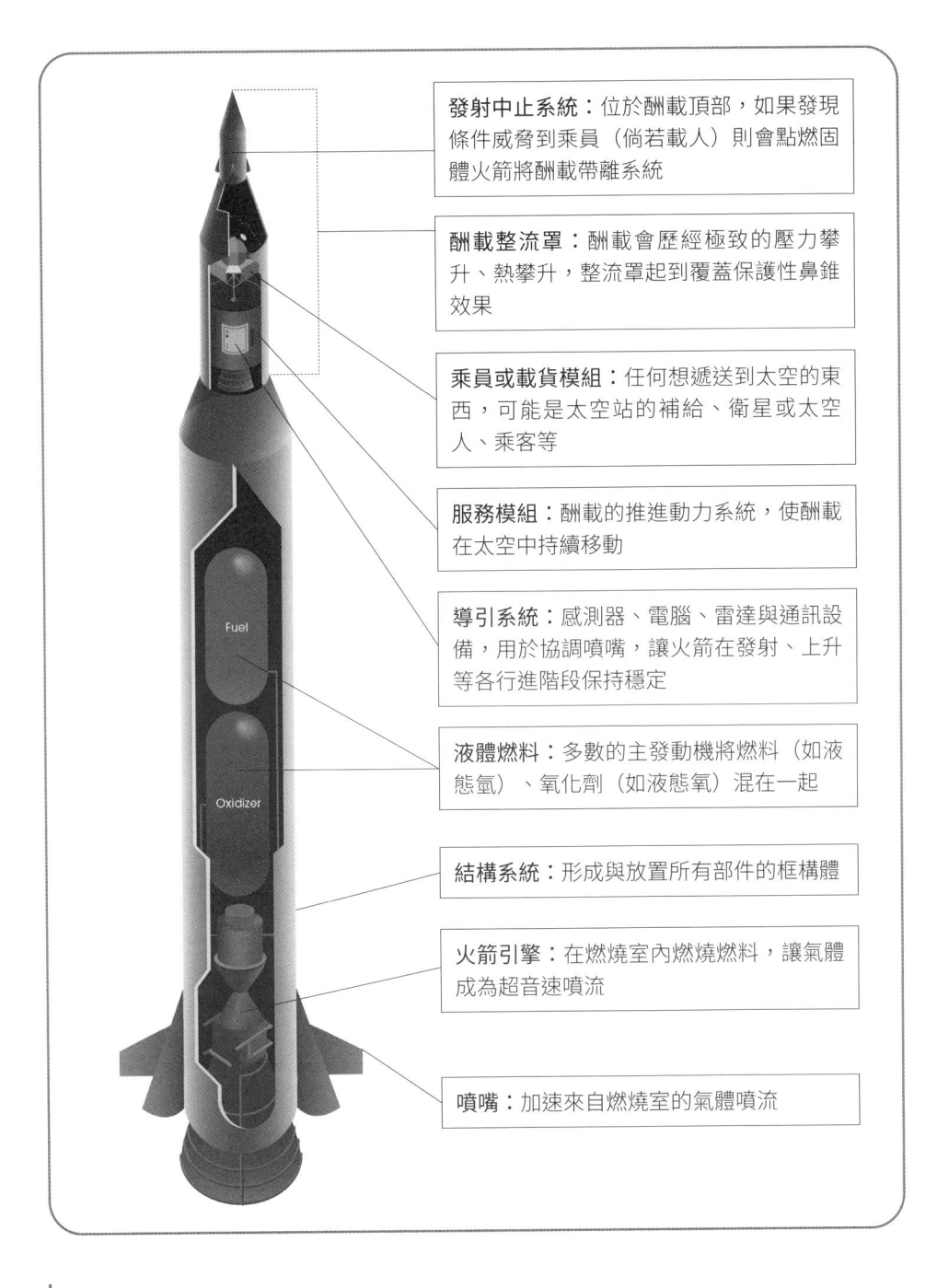

發射中止系統：位於酬載頂部，如果發現條件威脅到乘員（倘若載人）則會點燃固體火箭將酬載帶離系統

酬載整流罩：酬載會歷經極致的壓力攀升、熱攀升，整流罩起到覆蓋保護性鼻錐效果

乘員或載貨模組：任何想遞送到太空的東西，可能是太空站的補給、衛星或太空人、乘客等

服務模組：酬載的推進動力系統，使酬載在太空中持續移動

導引系統：感測器、電腦、雷達與通訊設備，用於協調噴嘴，讓火箭在發射、上升等各行進階段保持穩定

液體燃料：多數的主發動機將燃料（如液態氫）、氧化劑（如液態氧）混在一起

結構系統：形成與放置所有部件的框構體

火箭引擎：在燃燒室內燃燒燃料，讓氣體成為超音速噴流

噴嘴：加速來自燃燒室的氣體噴流

衛星發射火箭內部結構示意圖

圖片來源：SpaceFoundation.org

CHAPTER 5 低軌衛星用量可望大增

▶ 77

說明完衛星零件、部件、子系統、系統（整顆衛星）、衛星發射、仲介、保險後，理應接著介紹衛星營運服務與應用等，但在此之前要說明衛星用量將激增，後市可期的幾個原因。

首先如前所述，發射火箭可以回收後，發射成本正在降低中，此鼓勵衛星更加商業化應用，而非過往只是國家政府的研究探測用，防衛上的軍事用，或公共服務的導航用。

其次，衛星正在小型化、微型化發展，容積與重量都在減少，功能相同，如此等於一次火箭發射可以運載、佈署更多顆衛星到指定的軌道上，如此等於變相讓發射成本再降低。

• 低軌衛星用量大、壽命短

三是商業用途的衛星多為通訊用，如賽事即時轉播、通話、網路資料（數據）傳輸等，傳輸上須盡量降低延遲，如此衛星必須採低軌佈署，而中軌、高軌距離地球較遠，傳輸延遲高。衛星距離地面近雖可降低延遲但每顆衛星的通訊覆蓋面積也變小，需要更多顆衛星才能達到完整覆蓋。

其四，低軌衛星不僅覆蓋小需要更多顆衛星來彌補覆蓋外，因為地心引力作用力更強，衛星必須在軌道上更快速移動避免被地球吸回地面，電能消耗也比較快，衛星壽命較短，一旦耗盡壽命就需要再發射火箭送上遞補的衛星。

基於上述衛星用量需求將增大，最後當然 B5G/6G 通訊需求功不可沒。

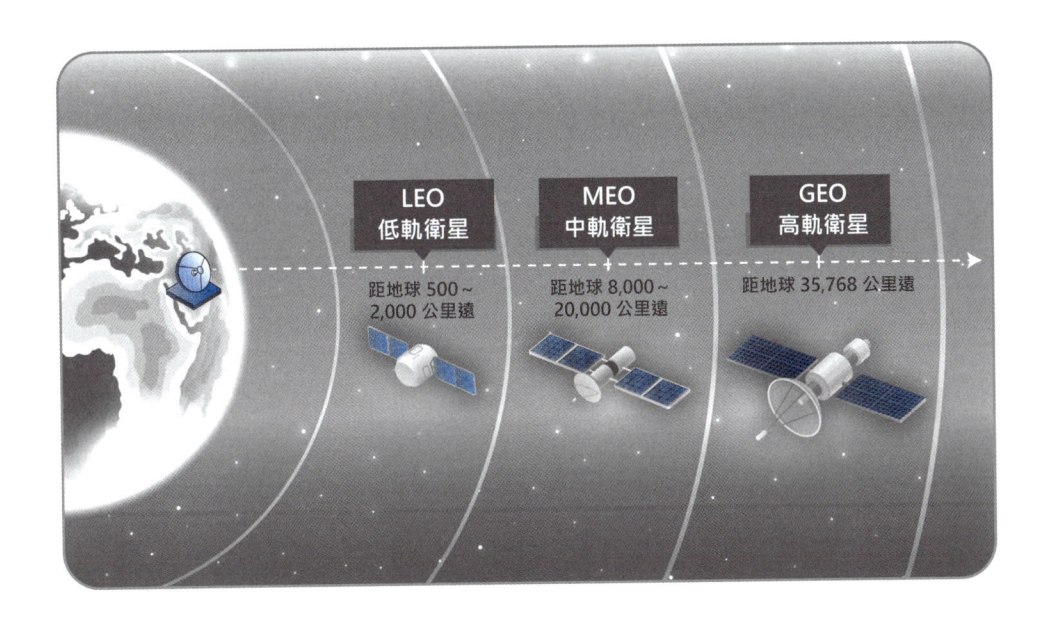

低、中、高軌衛星示意圖

圖片來源：cst.gov.sa（沙烏地阿拉伯通訊、太空與科技委員會官網）

	低軌衛星	中軌衛星	高軌衛星 （也稱同步衛星）
單顆衛星覆蓋率	最小	居中	最大
完整覆蓋地球需要的衛星數目	數十至百、千顆	數十顆	3 顆
單程（往或返）的傳輸延遲	約 3.3 毫秒	約 66.7 毫秒	約 119 毫秒
衛星運行地球一週所需時間	約 100 分鐘	約 12 小時 （以最高的 2 萬公里）	約 24 小時
天線追蹤速度	每 10 分鐘	每小時	固定

低、中、高軌衛星比較表

資料來源：作者提供

CHAPTER 5
78 衛星系統營運商

此處所談的衛星系統不再是前述的「整顆衛星」，而是指整個衛星營運體系，包含多顆衛星的所有權、擁有衛星地面站（Ground Station）來與衛星聯繫、操控衛星姿態、管理維護衛星、運用衛星酬載功能（影像觀測、數據通訊等）提供服務等。

談及系統營運商最有名的必然是 StarLink，烏俄（烏克蘭與俄羅斯）戰爭初期一般個人或家戶只要架設起幾十公分大小的衛星天線就能保持對外通訊，且 StarLink 的通訊衛星多是用 SpaceX 火箭發射服務佈署於太空軌道上。

衛星通訊服務不必然都要用戶自架衛星天線，例如過往賽事轉播是透過衛星傳遞影像，影像到了電視台後，再由電視台的地面無線廣播站或有線電視網路系統傳遞至各家戶，如此只要衛星地面站與電視台間有專屬傳輸線路即可。

- **更多衛星系統營運商**

不僅 StarLink，其他知名的營運商還有 Echostar、Eutelsat、Inmarsat、OneWeb、K-SAT（Kongsberg Satellite Services）、SSC（Swedish Space Corporation）、OneWeb 等，其中數位發展部便與 OneWeb 合作，在台灣海底通訊電纜失效時可緊急改用其衛星通訊，保持台灣的通訊韌性（resilience）。

目前較需要衛星通訊服務的應用除了視訊轉播外即是飛機或船隻的連外通訊，一般家戶的上網仍是以陸地上的行動通訊、固網（銅線或光纖）或海底通訊電纜為主，但現況將逐漸因 B5G/6G 服務的普及而開始改變。

StarLink 衛星通訊服務的終端用戶天線

圖片來源：StarLink

CHAPTER 5

79 行動通訊服務營運商

　　行動通訊服務營運商即是中華電信（Chunghwa Telecom, CHT，TSE: 2412，更嚴格而論為行動分公司，簡稱行分）、台灣大哥大（Taiwan Mobile, TWM，TSE: 3045）、遠傳電信（FarEasTone, FET，TSE: 4904）等業者，俗稱「電信三雄」。

　　不過，行動通訊服務因為使用該國的無線頻譜資源，加上國家期望保有非常時期的發話傳聲權，故行動通訊也屬於高度規範管理與地區性特許的行業，較少有跨國性經營，但還是有一些，如英國 Vodafone、西班牙 Telefónica 等。

　　因此台灣為電信三雄，日本則是 NTT DoCoMo、KDDI、SoftBank，美國則是 AT&T、Verizon、T-Mobile 等業者，韓國也有 KT、SK Telecom、LG U+ 等，如此列舉不完，大致上各國多有 2 至 4 家特許服務商。

• 多角化經營成獲利新焦點

　　電信服務商既有的語音收費、簡訊收費業務已成過去，並高度轉向資料、數據傳輸業務，而在 3G 上網頻寬逐漸滿足後，4G 主打 Triple-Play 服務，即運用無線同時傳輸語音（Voice）、資料（Data）與視訊（Video），鼓勵大眾用手機看影片，期許逐漸取代傳統在家收視的習慣。

　　因此電信服務商開始建立各種數位內容平台，包含線上影片平台、音樂平台、電子書城、購物商店等，期望從數位內容、數位服務領域賺取更多收益，避免落入只是提供基礎傳輸服務的薄利窘境，產業一般稱此為笨水管（dumb pipe）。

⑦ 4G→5G→.....

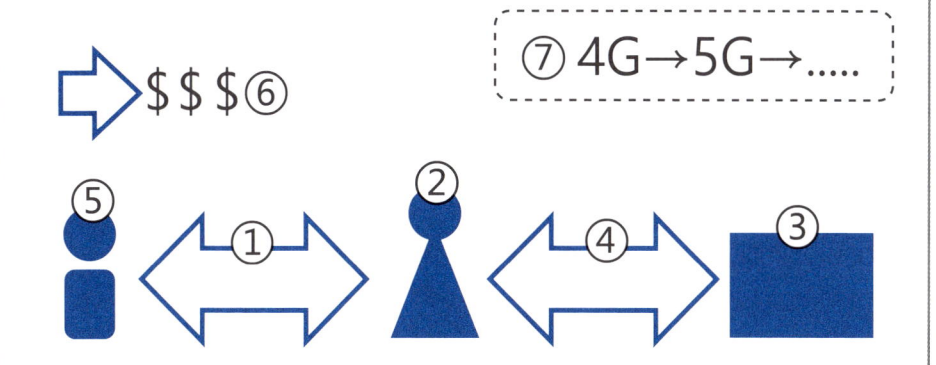

⑥ $$$

⑤ ① ② ④ ③

1. 向政府取得無線頻譜使用權，包含頻段、年限，支付頻譜租費或免費、有條件免費（如三年內達六萬服務訂閱戶則免頻段費，政府基於公共服務福利提升著眼）
2. 購買基地台設備，爭取各地區、建物的高處以建構服務基地台，進行角度距離等微調減少死角盲區
3. 找建物或興建建物，而後採購核心網路設備，在建物內放置、裝置起設備
4. 基地台之間與基地台與核心網路間需要固網連線，過往為銅線，近年來多為光纖，需要向固網業者租賃，或自身有固網業務則自行鋪設
5. 廣設連鎖服務店面、打廣告，向終端用戶推行服務，提供綁約產品、綁約方案、促銷方案
6. 前述均為花費，至此開始從用戶收取服務費
7. 前述六個階段，每更替一次行動服務世代，重新再來一次

行動通訊服務營運商基本流程圖

圖片來源：作者提供

CHAPTER 5

80 邊緣運算商、核網軟體商

相較於過往數代，5G（包含此後的 B5G、6G）的特點即是核心網路不再堅持專屬設備，以及基地台端也帶有若干核網的功能與角色，新的技術主張也帶來了新商機。

由於使用一般尋常伺服器，搭配上軟體就能達到過往專屬核網設備的效果，因此有許多業者推出核網軟體，並嘗試銷售軟體給伺服器業者（bundle 搭售）或電信營運商或系統整合商，即收取軟體授權費。

例如國立陽明交通大學即開發出 free5GC（5G Core）的核網軟體，而且採開放原始程式碼（open source）形式提供，或者有基於 free5GC 再行開發的商業版軟體，如禾薪科技的 Saviah 5GC。

- **軟體免費不表示無法獲利**

核網軟體商還有美國 Mavenir、Druid Software、Radisys 等，或者本來提供專屬核網設備的 Ericsson 等廠商也開始提供軟體方案，讓電信營運商有更多的選擇。

值得注意的是，開放原碼、免授權費的軟體並不表示無法獲利，業者依然可以從服務面收費，例如簽訂維護支援合約，合約時間內提供技術支援以解決軟體使用、設定、運作上等疑難雜症，並收取合約費。或有其他服務費，如規劃費、整合費、顧問費等。

與此類似的，既然部份核網功能移至基地台端，成為邊緣運算，故核網軟體也可用於基地台處，成為邊緣運算整體方案中的一部分，既提供客戶（在此指電信服務營運商）完整方案，但又保持軟硬體的開放交換性，減少被設備供應商鎖死（vendor lock-in）的可能。

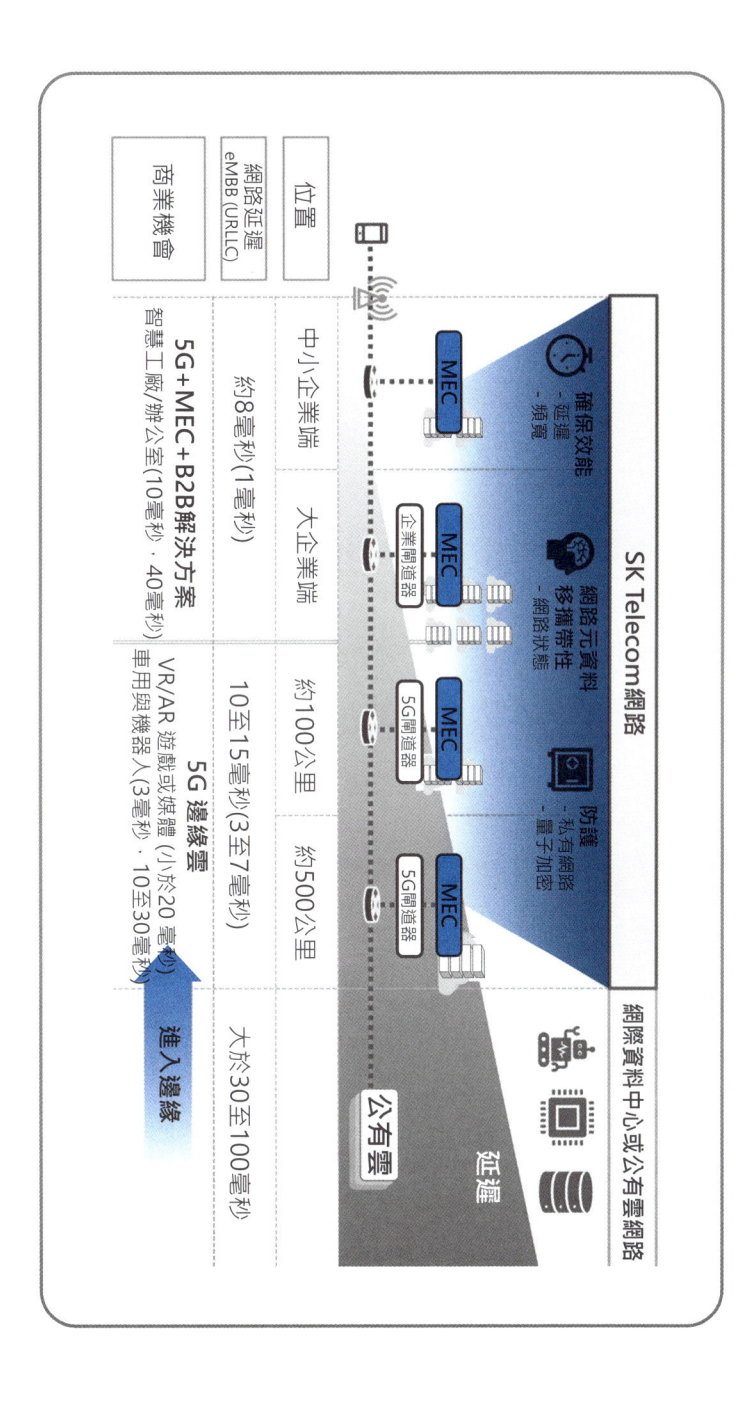

南韓 SK Telecom 主張的行動邊緣運算 (Mobile Edge Computing, MEC, 或稱 Multi-access Edge Computing) 解決方案

圖片來源：SK Telecom

CHAPTER 5

專網系統整合商

81

5G（包含 B5G、6G）很大特點在於追求後端設備的開放、標準化，以便讓後端設備獲得更大的量價均攤效益，或稱為規模成本效益，因此 5G 比過往幾代都更強調私有化應用，一般稱為 5G 私網、5G 專網，即 Private 5G。

所謂私網、專網，即是不再是只有遠傳、台灣大哥大等服務營運商才能架設 5G 基地台、佈建核網，而是一般的企業就能自己購買基地台、核網，自己佈建使用 5G 通訊，有些類似一般家戶自購與自用 Wi-Fi 無線網路，只是 5G 網路的覆蓋面積大於 Wi-Fi。

事實上對於一些企業而言確實有 5G 專網需求，例如擁有一大片礦場，整片礦場牽佈實體線路容易壓壞且難維護，架設 Wi-Fi 所需要的放置點又太多，則可以用一個或數個 5G 基地台就可以達到完全覆蓋，使礦場內的人員、物聯網都能聯繫通訊。

- **系統整合商機會浮現**

過去架設基地台、調整方位減少死角、設定核網等工作，只有電信服務商自己完成即可，但到了 5G 專網時代，自己架設 5G 專網的企業，自身專業能力與經驗有限，就需要向外求助專門的系統整合商（System Integrator），代為規劃、佈建 5G 專網，甚可能包含後續維護與程度性代管（代為管理）等。

提供專網系統整合的業者與電信營運商類似，均偏向在地服務，台灣如伸波通訊（Wave-In）、億宣應用科技（Vertex System）等。其他國家也有對應的在地系統整合商。

正式佈建現場 5G 專網前可在實驗室進行各種通訊參數試煉，此圖以鋼鐵廠產業製造應用為例

圖片來源：the-mobile-network.com

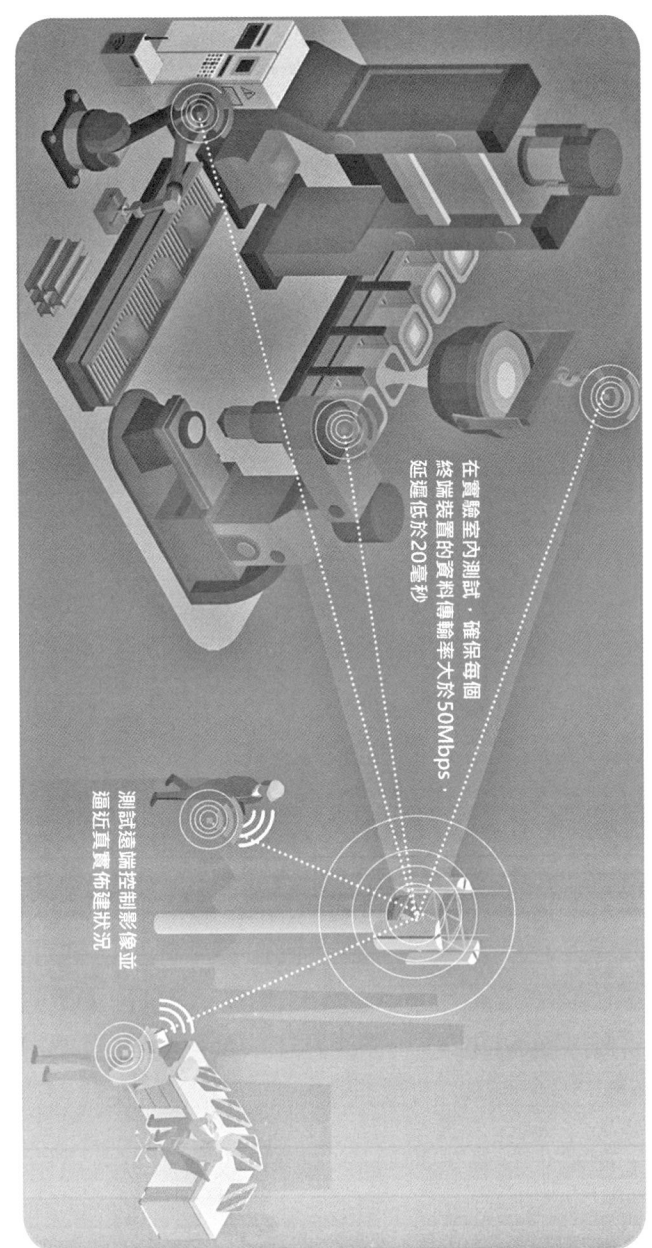

在實驗室內測試，確保每個終端裝置的資料傳輸率大於50Mbps，延遲低於20毫秒

測試遠端控制影像並逼近真實佈建狀況

CHAPTER 5

82 資訊技術服務商

　　由於 5G 後端系統走向標準、開放,好處是設備採購的技術成本降低了,但缺點是傳統專屬電信設備商不善於維護管理開放性設備,有可能必須請另一領域的專業技術人員、團隊來提供維護管理服務,如此資訊技術(Information Technology, IT)服務商將有新商機。

　　與前述電信服務營運商、系統整合商類似的,資訊技術服務也偏向在地性、地區性,僅有少數跨國性的資訊服務商,並以跟隨服務跨國性企業或極大型企業為主。

　　所謂維護管理,具體而言如設備安裝、設定、定期檢視、零件換裝等,以及可能用遠端連線監控、診斷系統正常性,以及不時提供運作、營運上的最佳化(optimized,或稱優化)的建議。服務商通常以簽訂維護合約的方式提供服務。

- **開放也引來資通訊安全隱憂**

　　過往封閉專屬的電信設備單價高昂,但好處是較少駭客(hacker)理解設備系統,被資安攻擊入侵的機率較低,而在迎向開放後,多數駭客熟悉開放性系統,故 5G(含未來 B5G、6G)有可能更容易發生資安事故(incident),導致系統中斷、通訊服務中斷。

　　為此,也有一種資訊技術服務為持續性的資安威脅監控,類似實體保全服務但為資訊數位版,隨時收集與分析來自防火牆閘道、重要設備端點的活動記錄,研判與警告營運商可能遭到入侵,此一持續性監控服務一樣依據合約收費。

資安委外服務商的資安營運中心（Security Operations Center, SOC），在此隨時監看資訊系統是否有資安威脅入侵

圖片來源：WeSolvedIT.io

CHAPTER 5

測試驗證服務商

有關行動通訊的硬體設備、裝置,不是廠商做出來後就能立即拿到市面上銷售,而是牽涉到各種規範,產品必須通過規範才能銷售,甚至產品每進到一個國家就要重新檢測,台灣即有此程序。

測試驗證牽涉到專業知識、專業儀器操作等,因此也有專門的測試驗證服務機構可以協助製造商,使其產品通過認證而能盡早面市,而服務商也透過服務收取費用。

有鑑於 5G(B5G、6G)的服務不僅是覆蓋範圍的擴張,也包含連網硬體類型的增多,如此可以想見的,測試認證服務商將有比過往更大的商機,過往可能只要測試基地台與手機,今後要測物聯網裝置、穿戴式電子、車聯網裝置、無人機等,明顯後市可期。

• 跨國性與在地性測試服務商

與營運商、系統整合商等不同,驗證測試服務商即有跨國性經營,如美國優力國際安全認證(UL Solutions, NYSE: ULS)、瑞士SGS(瑞士交易所 SW: SGSN)、德國德凱集團(DEKRA)、英國天祥集團(Intertek,倫敦交易所 L: ITRK)等,同時也有在地經營型,如耀睿科技(Auray)。

由於測試分為多個測項且測試時間漫長,一旦不合格需要重新檢測,又是一番花費與時間,故通常建議硬體製造商先自行測試驗證,達到一定把握度後再行送測,或測試服務商也開始提供一站式測試認證方案,方便送測客戶。

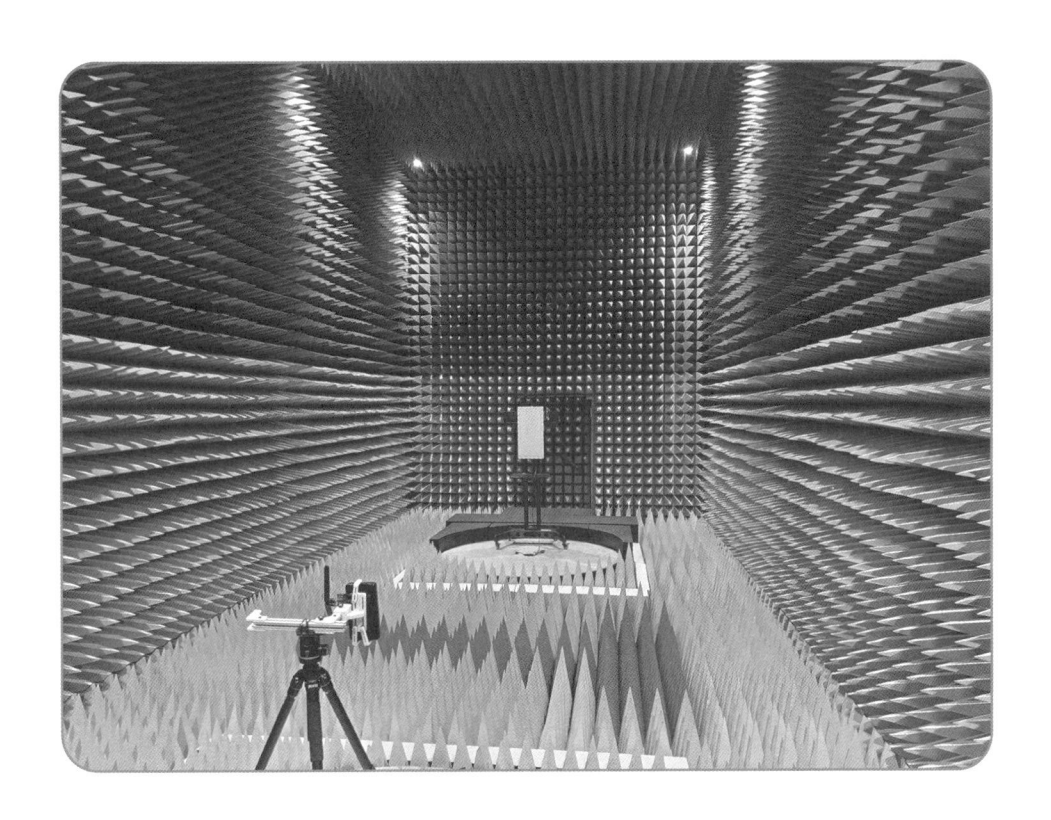

美國電信服務商 T-Mobile 建立起新的裝置實驗空間，專門用於測試以毫米波（mmWave）頻譜連網的 5G 裝置

圖片來源：T-Mobile

CHAPTER 5

▶84 公有雲商核心網路服務

雖然進入 5G 世代後，核心網路設備能用一般伺服器搭配軟體達到相似效果，但如此也是需要大量的伺服器，因為過往的核心網路機房內並非只有一部專屬核網設備，而是成群成堆的核網設備，一部一般伺服器若用來模擬過往一部專屬核網設備，也就需要大量的伺服器。

對現行行動電信營運商而言，本即有建設核網機房，故只要將原有 4G 專屬設備撤下，換裝上一般伺服器與對應軟體，就能升級成 5G 核網。但也有市場的新進營運商不採行全面自建機房，改用公有雲（public cloud）服務商的資料中心機房來實現 5G 核網，如美國 DISH Wireless 即使用公有雲商甲骨文（Oracle）的資料中心機房。

或現行營運商轉淡投資現行機房，逐漸與公有雲商合作，由其接手核網機房，自身更專注於基地台端、客戶端的服務，如美國 AT&T 與 Microsoft Azure（微軟公有雲業務）的合作。

- **公有雲業者力倡 5G 專網服務**

公有雲商不僅協助電信營運商也協助一般企業，企業若有自建 5G 專網的需求，可以只建立自己的 5G 基地台、只配發與裝設自己的 5G 終端裝置，但 5G 核網方面直接由公有雲商提供，如 AWS 就提出 AWS Private 5G、AWS Wavelength 服務，Microsoft 也提出 Azure Private 5G Core 服務，Oracle 方面則稱為 Oracle 5G Core Network。

可以預見，未來會有越來越多 5G 行動電信營運商、建構與使用 5G 專網的企業會使用公有雲服務，此值得關注期待。

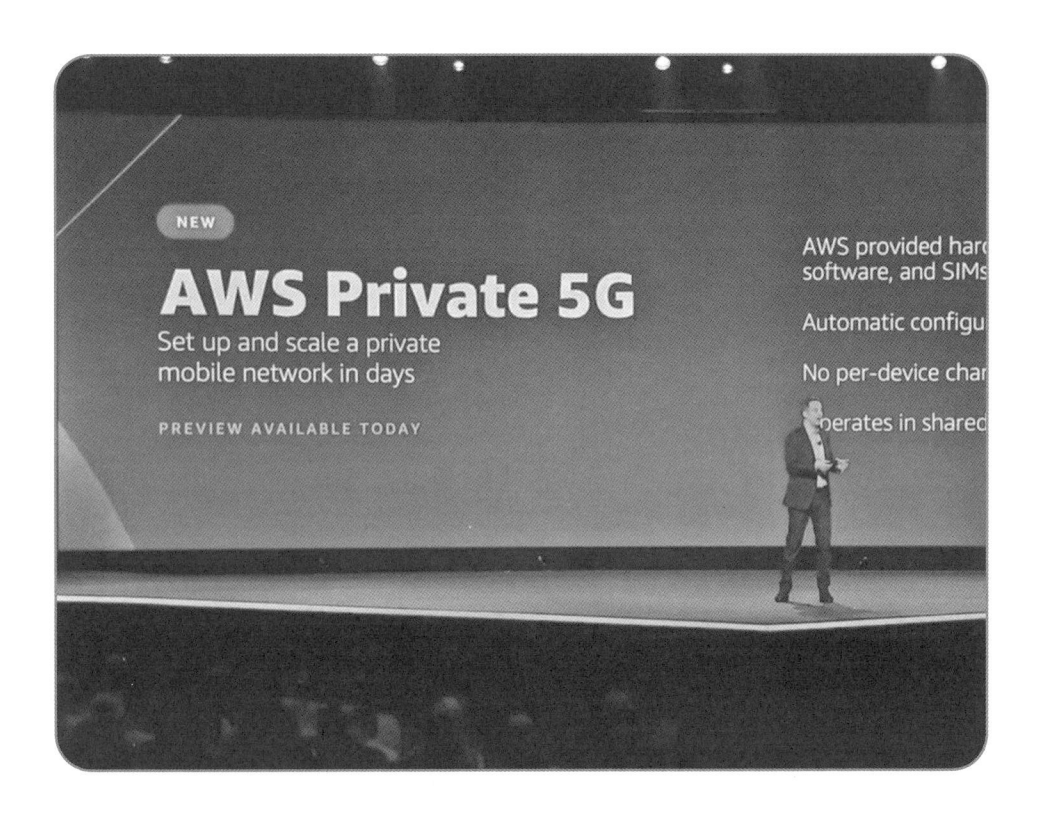

全球最大公有雲服務商亞馬遜網路服務（AWS）於 2021 年底宣佈推出 AWS Private 5G 的 5G 專網服務

圖片來源：Mobile-Magazine

公有雲商邊緣運算服務

公有雲服務商不僅能提供核心網路服務，由於 5G 將在基地台端建構部份過往核心網路才具備的功能，因此公有雲商的伺服器也有機會進駐到行動通訊服務商的基地台端，即提供邊緣運算服務。

舉例而言，Microsoft Azure 即提出 Azure Stack Edge 的服務，提供邊緣運算系統的租賃，至 2014 年 12 月而言，Azure Stack Edge 服務提供的伺服器系統租賃，每部每月租費約在 350 至 2,916 美元間，視不同規格、不同所在區域而定。不僅 Microsoft Azure，AWS 此方面的對應的方案，稱之為 AWS Wavelength Zone。

向公有雲商租賃邊緣運算系統的好處是，電信營運商可以降低自身投入固定資產的成本負擔，並依據多少用量支付多少費用給公有雲商，對於臨時性遽增的服務（如墾丁春天吶喊期間）或新服務地區的探索嘗試等格外適合先行租賃，待服務量穩定後方逐漸轉為自建自營。

- **相同手法也適用於企業 5G 專網**

電信營運商可以如此，一般企業自建自用的 5G 專網也就可以比照，如此企業可以不用自己購買與建置核網設備，也不用自己購買與建置基地台端的邊緣運算設備，只要依據用量付費使用即可，降低自身的維護管理心力，同時將更多心力轉向 5G 基地台信號、5G 終端裝置上。

由此可知，未來公有雲服務商，或者是資料中心業者、主機代管商等，將在 5G/B5G/6G 時代扮演日益重要的角色。

AWS Wavelength Zones 方案示意圖

圖片來源：AWS

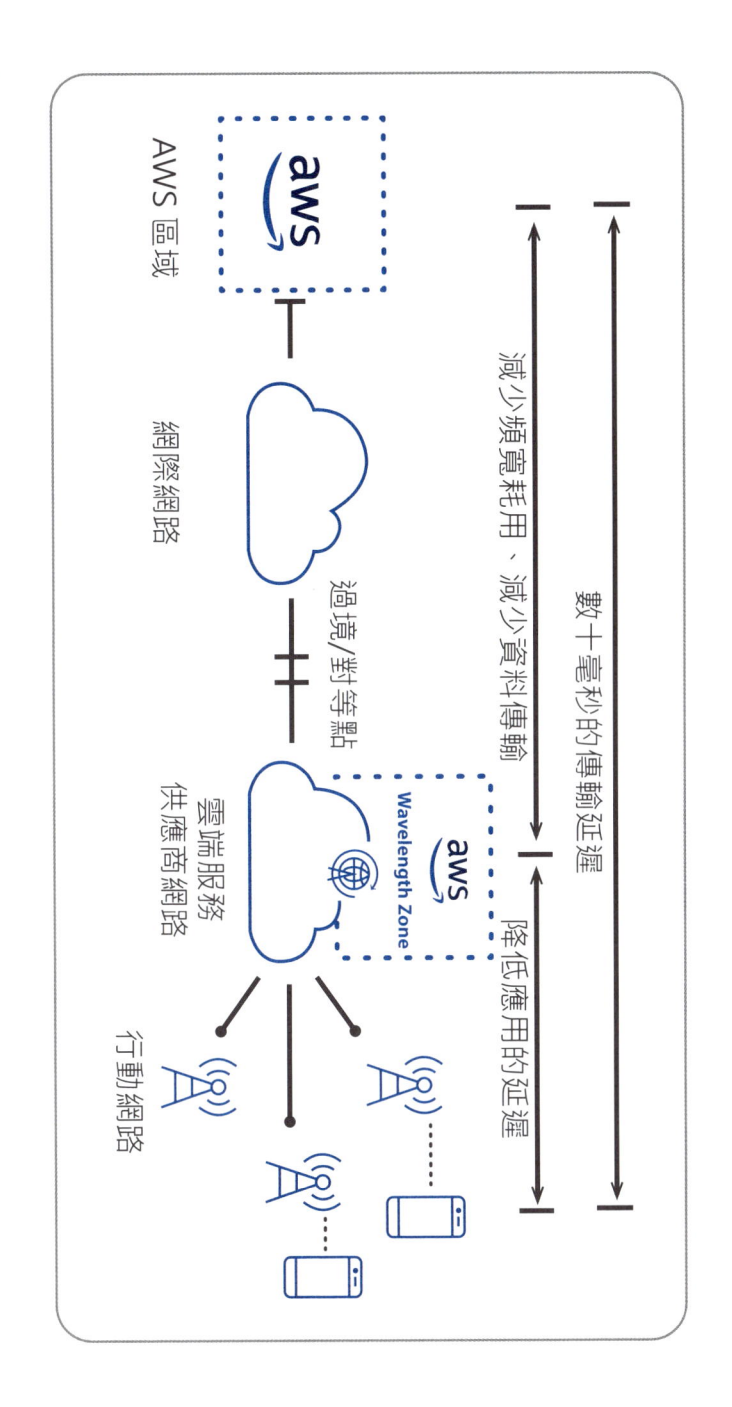

公有雲商衛星地面站服務

CHAPTER 5 ▶ 86

公有雲商近年來也開始在其資料中心鄰近的外圍或樓層頂部，開始建立起衛星天線、衛星地面站（Ground Station），原因在於公有雲商的若干客戶具有衛星地面站，透過地面站接收大量的衛星影像資料，但由於資料量龐大，地面站很快沒有足夠空間儲存，只好傳遞至公有雲。

既然最終都要傳遞到公有雲才有足夠空間存放，何不由公有雲商直接建立衛星地面站，將接收到的影像資料直接放入公有雲商的資料中心機房，省去一道轉折程序。

此外，公有雲商可以切割衛星地面站的使用時段，出租給不同的用戶短暫使用，過往無力自建地面站的用戶也開始有機會使用衛星服務，只要支付租賃費即可。

• AWS、Azure 已展開地面站興建競賽

很明顯的，公有雲商的衛星地面站也有機會支援未來的 B5G/6G 衛星通訊，包含透過地面站與衛星間收發資訊，或由地面站發送控制信號，控制衛星的軌道與姿態等。

目前（2024 年 12 月）AWS 已在全球建立 12 座衛星地面站（均以原有資料中心建物為基礎進行擴展），而 Azure 也已建立 5 座地面站，兩業者均已對外提供租賃服務。

不僅 AWS、Azure，Alphabet 旗下的 Google Cloud 公有雲服務一樣對衛星地面站業務有期許，目前進度尚未若 AWS、Azure 般快速，但也已經與諸多重量級衛星系統商達成合作，後續發展值得期待。

AWS 已在其全球各地的資料中心建立起 12 處衛星收發天線，如新加坡、首爾、愛爾蘭等

圖片來源：AWS

第 5 章 5G/6G 衛星、軟體、服務產業鏈　　192 | 193

CHAPTER 5

新興應用服務商

透過連續的說明估計各位已可感受到，5G/B5G/6G 不僅是硬體製造佈建的商機，也在內容與服務領域帶來新商機，因而連續說明了各種 5G/B5G/6G 的服務業者及其業態。

但上述的服務類型並非是全部，隨著 5G/B5G/6G 的覆蓋信號普及，應用也會產生改變，例如過往的老年看護不是派專員到府就是要受看護的老人集中到專門的看護機構，而隨著 5G/B5G/6G 的普及，運用無線射頻技術來偵測生命體徵，將有望實現遠端看護，成為一種新服務。

類似的，5G/B5G/6G 有望讓車聯網應用普及，未來方位性基礎的服務（Location-Based Service, LBS）也會增加，例如更好的即時路況報導服務，更好的車禍事故救援服務等。

另外，現在已有業者開始在汽車的方向盤、油門、煞車等地方裝設感測器，透過感測記錄分析駕駛習慣是否優良，從而決定其汽車保費是高是低，可謂是新型態的產險服務。

- **數位轉型將成投資關鍵檢視點**

值得注意的是，新服務的出現有可能讓現行服務式微，例如物聯網式的智慧抄錶逐漸普及後自然會趨向減少抄錶專員，B5G/6G 的衛星通訊服務也有可能逐漸推擠現行專屬、特定的衛星通訊服務。

因此，若現行業者未能積極運用 5G/B5G/6G 新通訊服務來提升其產品與服務，未能展開數位轉型（Digital Transformation, DX），則需要擔心其未來競爭優勢、獲利能力，從而重新評估該業者的投資價值。

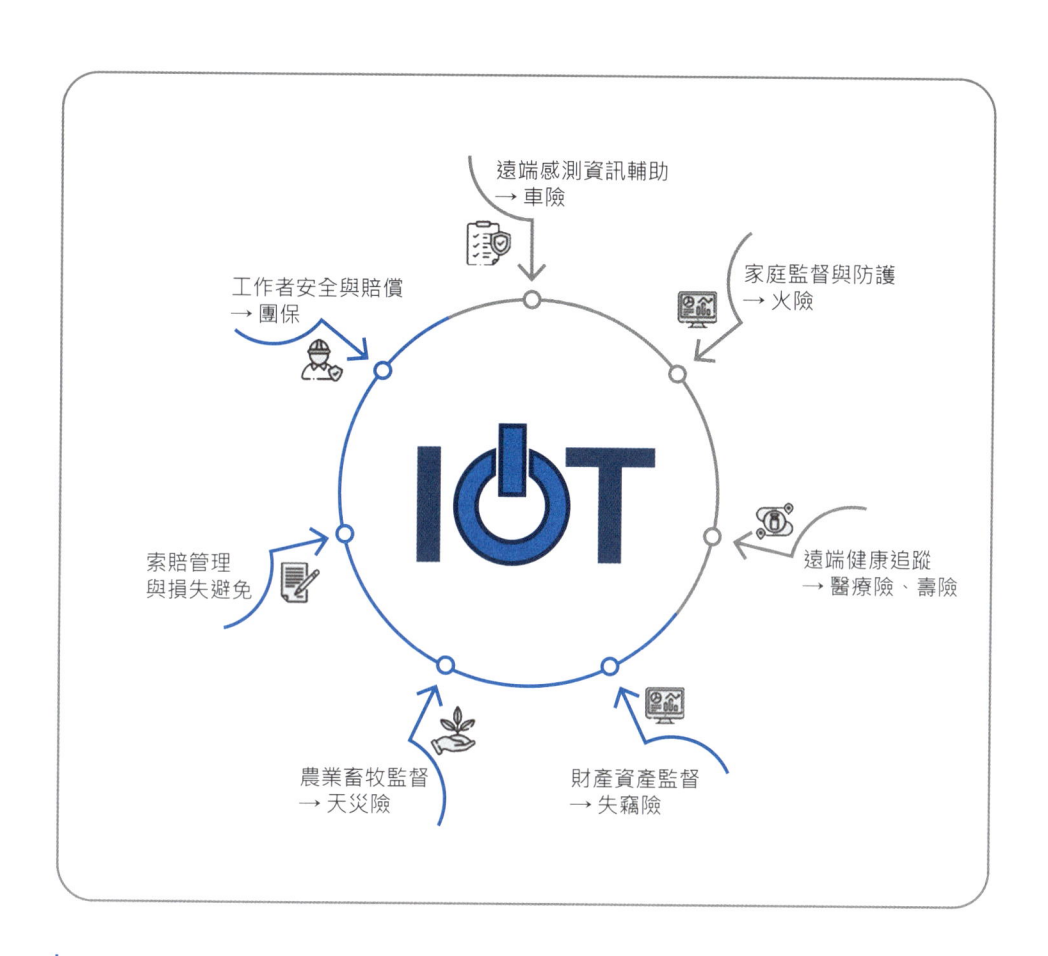

物聯網在保險業的重要運用案例

圖片來源：www.MegaMindsTechnologies.com

CHAPTER 5
88 新覆蓋下可能受脅的網路技術與服務

隨著 5G（B5G、6G）服務信號範圍的擴大，在相同覆蓋面積下的其他網路，極有可能面臨調整、轉型甚至淡出。舉例而言，隨著 Internet 的普及，越來越多人直接觀看網路電視，稱之為 OTT（Over-The-Top），此趨勢下導致越來越多人退訂有線電視，過去有線電視系統業者（此處指的系統，是指運用同軸電纜線鋪設的節目訊號線）榮景不再。

同樣的，過去並非沒有衛星電話服務，也不是沒有飛機與衛星通訊、船隻與衛星通訊的服務，然而過往至今這類的需求屬於特性、少量、高佈建成本、高費率的服務，隨著 B5G、6G 挾著標準、開放、量價均攤等優勢，特定少量高價的服務將遭遇到嚴峻挑戰。

• 固網固接線路、產業專網也將遭受挑戰

不僅特有衛星通訊有可能被 B5G/6G 標準通訊取代，現有 4G、5G 其實也已經開始取代一些固接寬頻服務，有些低需求用量的家戶不再申請 ADSL（Asymmetric Digital Subscriber Line）銅線寬頻、FTTH（Fiber To The Home）光纖到府寬頻，直接使用行動通訊寬頻取代。

或者在物聯網發展的初期有各種特有的低功耗無線廣域網路（Low-Power Wide Area Network, LPWAN）出現，如 LoRa（Long Range）、Sigfox 等，也在 LTE 推出 LTE-M（Long Term Evolution-Machine-to-Machine）、NB-IoT（Nanoband Internet of Things）等技術後開始受若干威脅。

說明以上這些在於就投資角度而言，必須開始關注這些可能在未來受威脅挑戰的其他網路技術與相關業者，重新評估其投資價值。

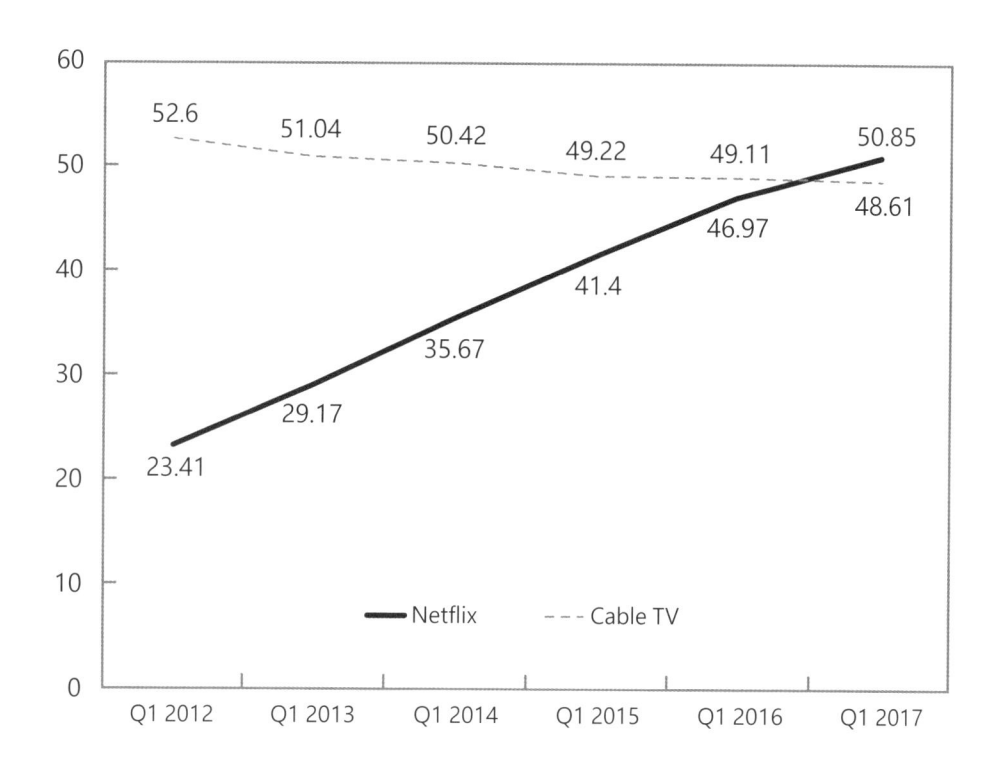

僅以美國地區，2017 年 Netflix 的訂閱戶數即超越付費的有線電視收視戶數
（單位：百萬戶）

資料來源：Netflix, Leichtman Research Group

CHAPTER 5

▶89 更多相關新創商

既然 5G/B5G/6G 走向開放標準並期許大幅提升覆蓋,自然有更多的新機會,故投資者不能只專注於現有產業鏈中的主要業者,新創業者(startup)也值得關注。

舉例而言,與 Steve Jobs 共同創辦 Apple 的 Stephen Wozniak 即投資一間新創公司 Privateer,該公司運用人工智慧技術開發出名為 Wayfinder(路發現者)的太空垃圾追蹤系統,可追蹤 10 公分以上的太空殘骸,如此可避免現行衛星撞擊殘骸,從而保護高昂的衛星資產。

或者,業界也積極發展其他將基地台高吊以增加通訊覆蓋率的作法,即此前談論過的高空平台(HAPS),未來高空平台若逐漸成熟可行,也可能需要相關的空中衝突排解軟體,此可能從現有無人機機隊編排軟體進行擴展延伸。

• 國內與 5G 相關的新創商

國際新創或許有國際資金優先挹注,然而國內也有許多 5G/B5G/6G 相關的新業者,如稜研科技(TMYTEK)專注於 5G 毫米波設計技術,或有繁晶科技(Ranictek)開發 5G/6G 基地台晶片、衛星通訊晶片,屬實體技術;或專注於 5G 資安防護軟體的邊信聯(FiduciaEdge)科技,屬軟體技術。

或者有台灣電信營運商中華電信力倡的「5G 加速器」推動案以扶植國內的 5G 新創商,推動案 6 年來(至 2024 年 11 月)已吸引達 74 家優秀新創團隊加入其推動案,只要任一新創團隊獲得成功,日後即有可能再次推升中華電信行動通訊業務的發展。

Privateer 開發的 Wayfinder 系統可偵測、追蹤太空殘骸

圖片來源：Privateer

CHAPTER 5

90 更多大膽創新技術

歸結前述各位或許已能感受到，5G、6G 相關的衛星產業在每個環節幾乎都存在具顛覆可能性的科技，例如雷射通訊取代無線通訊、衛星發射除了回收火箭推進器外也曾嘗試飛機高空拋射或將衛星微型化設計；不使用衛星也可以考慮高空平台，衛星地面站也不一定是專屬營運，也可能從公有雲服務商的資料中心機房延伸發展經營。

倘若雷射通訊可行則資料傳輸率大增，有利於推展豐富取向的 6G 應用（如數位雙生、元宇宙）；發射技術的創新或衛星的微型化等也能降低佈建成本，讓 6G 成本降低；不使用衛星而改以高空平台也屬於降低成本，或在人煙荒至區有局部、臨時覆蓋需求時，高空平台也是低於衛星成本。

・各環節均可能產生破壞式創新

就更高層次而言，上述的顛覆性技術有可能帶來破壞式創新（Disruptive innovation），意即新技術在效能、成本等方面的逐步進步下，從原有技術的低階、初階應用市場開始滲透，之後擴展到主流大宗應用市場，原有技術不斷退讓出市場，最終只存在於利基領域，或全然被取代而消失於市場。

破壞式創新的發展取代模式已在各產業領域陸續發生過，包含硬碟產業、鋼鐵產業、推土機產業等，衛星航太產業領域只要任一環節發生破壞式創新，其成長將難以限量。

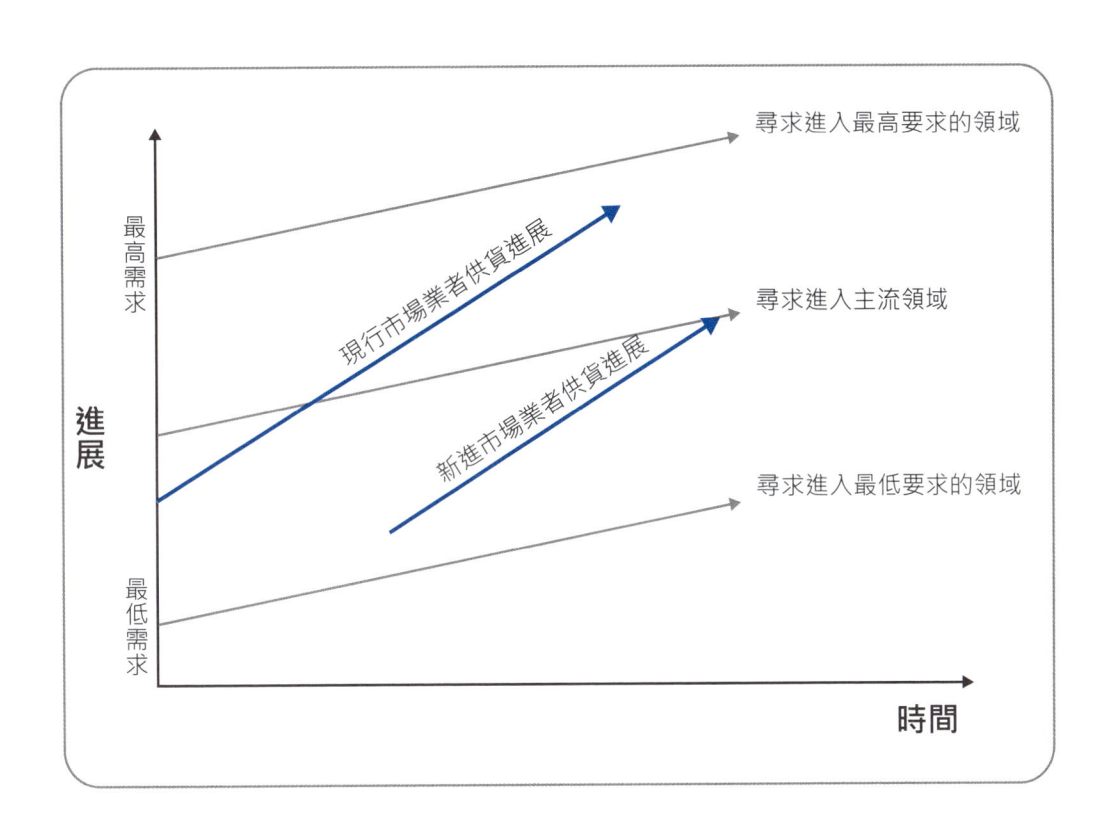

破壞式創新發展模式示意圖

圖片來源：HBR 哈佛商業評論

CHAPTER 6

6G 發展變數與展望

由於各界對未來的 6G 生活應用所擘畫的願景太過美好，幾乎「只有想不到沒有做不到」，如此反而讓人感到擔憂，畢竟過往以來資通訊領域有太多的美景最終是走樣或泡沫。

　　回歸到現實、務實，6G 產業鏈發展上是否有隱憂？是否還存有哪些盲區、盲點待掃除？同時也避免不切實際的過度期望，因此有必要在起步前就正視相關問題或質疑，至少要減少邁向康莊大道上的陷阱與絆腳石，讓 6G 新境更快速到來！

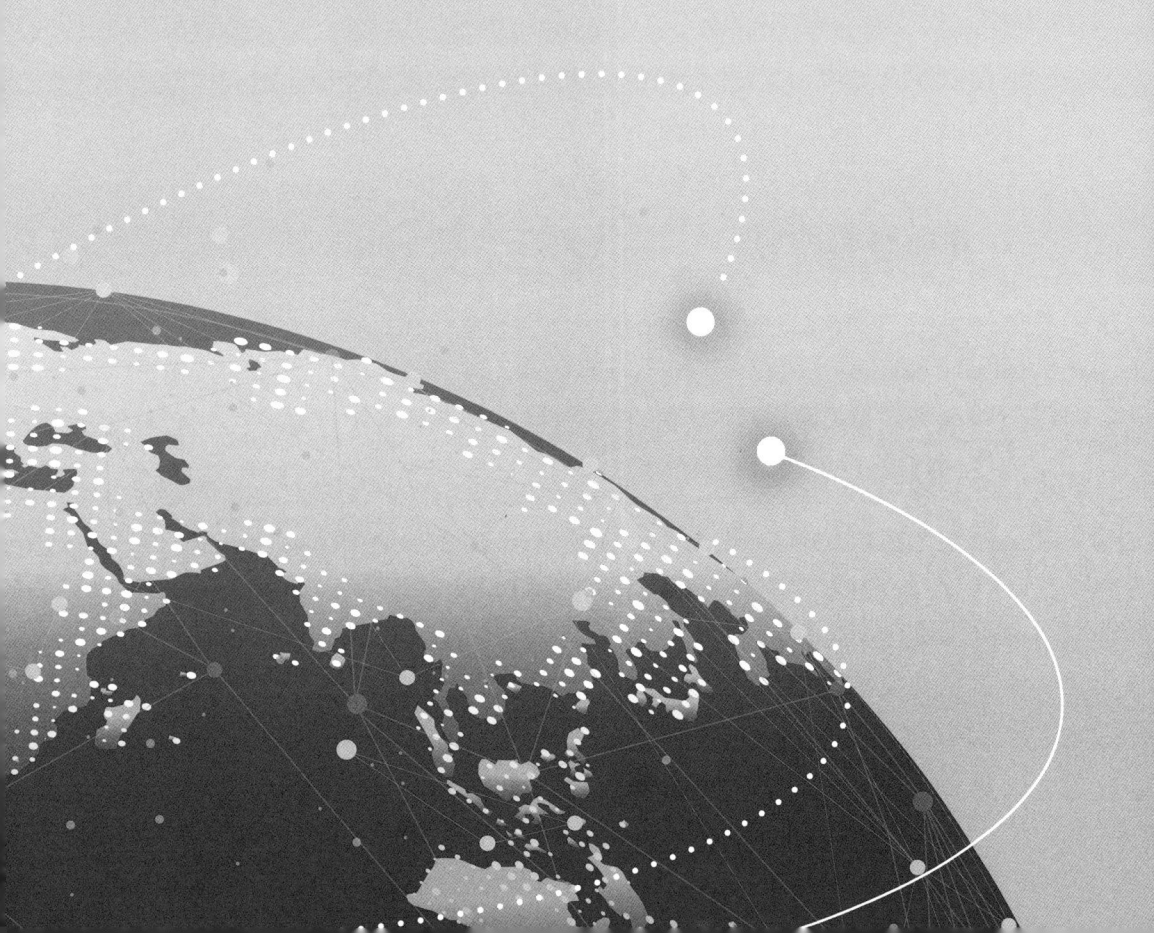

CHAPTER 6

91　物理面、工程面的技術挑戰

　　6G 發展第一個要面對的課題就是冷酷現實的技術挑戰，更具體說是電子工程特性、物理特性等的突破。由於 6G 所用及的技術遠多於過去，其所需要的技術突破難度也更多。

　　舉例而言，現行 5G 對毫米波（mmWave）技術的運用已有諸多難度，包含訊號能量衰減太快、訊號範圍太小、訊號易受景物遮蔽等，遑論 6G 要使用更高頻率的 THz 頻段，甚至是無線光通訊。

　　或如高空平台（HAPS），以熱氣球型而言，業界已將滯空時間從 50 多天延伸到 300 多天，盡量減少熱氣球升降次數，畢竟升空降落每次都是成本，然而最可能商業化營運的業者 Loon LLC（前身為 Google X 實驗室、Alphabet 集團的成員企業）依然在 2021 年結束營運，並直言停營原因在於成本居高不下。

・其他受質疑點

　　類似的，6G 期望物聯網感測裝置能在戶外自行永續運作，主張運用能源收割（EH）技術就近取得電能，省去人工換替裝置電池，但目前少有感測器裝置能真的永續自主戶外運作，只是盡可能延長電池使用時間、裝置待機時間。

　　其他質疑也包含是否真能達到 1 至 10 公分的精準定位？比 5G、6G 更短距傳輸的無線技術都難以保證如此精準，遑論是廣域覆蓋的 6G 基地台呢？其他困難點也包含僅有 0.1 至 1 毫秒的超低傳輸延遲、極智慧的基地台無縫接替換手等，都待實際突破。

原屬 Google X 實驗室，之後成為 Google 母公司 Alphabet 集團下的成員企業 Loon LLC，以高空熱氣球方式高掛 LTE 基地台（圖中偏右上角的飄浮物，圖中則為其地面發射架）提供 4G 行動通訊服務，2018 年商業營運，2021 年歇業。此也視為 5G、6G 在 HAPS 發展上的些許挫敗

圖片來源：TENSYS

頻譜政策與進度

無線頻譜（spectrum）資源有限，已經使用的頻譜波段必須回收才能再次分配使用，這是 6G 行動通訊推行上的一個困難點。事實上這也是過往至今每一代行動通訊推行的困難點，不獨發生在 6G 身上，6G 也不可免俗地必須面對，特別是 6G 必然要使用到比過去更高、更寬廣的頻帶，挑戰也就比過往更大。

要取得過往以來就從沒被配置到的頻段來使用，已經越來越難，但已經被配置使用的頻段，也不是說回收就回收，通常是設有契約時間，時間經常是數年或更久，要到期才可能釋出，例如日本有些頻譜是供計程車相互聯繫或與車行聯繫所用，或有水電公用事業營運需求而租用佔用等。

- **頻譜競標墊高營運成本**

此外各國頻譜政策也不一，有的國家將某些頻段規劃給軍方用，想轉移給民間使用需調整法規，法規議程更拖長時間。另外有的政府只要業者提案合理就願意配屬頻譜，但有的政府將頻譜視為國土資源，要業者們相互競標以取得未來數年的頻譜使用權。

電信營運商若是以競標方式取得頻譜，尚未開台服務就已先墊高營運成本，自然不利於推展，。有的國家則是設立目標，如多少服務面積覆蓋、多少裝置申辦連線，達到目標就不向營運商收取頻譜費，總之各國頻譜政策與進度是 6G 實現與否的一大癥結。

佈建位置	無線射頻波段範圍	頻段編號	頻率範圍
地面基地台	頻譜範圍 1（也稱 sub-6GHz）	n1 ～ n109	450MHz ～ 6.7GHz
	頻譜範圍 2（也稱 mmWave）	n257 ～ n263	26GHz ～ 60GHz
高空基地台	非地面頻譜範疇 1	n254 ～ n256	1.6GHz ～ 2.4GHz
	非地面頻譜範疇 2	n510 ～ n512	28GHz

現行 5G 行動通訊頻譜規劃表

資料來源：3GPP 與相關資料

CHAPTER 6

現階段專利高度集中於中國

▶ 93

2018 年底開啟的美中貿易戰，暫不論其遠因、近因，其導火線很大程度在於英國電信（BT Group plc，前身為 British Telecom, BT）決議使用華為（Huawei）的 5G 基地台，美方認為中方基地台有國安顧慮，從而掀起一連串的從嚴把關與抵制行動。

雖然行動通訊是各方參與而產生的共識標準，但標準的實際實踐技術是業者可以申請專利，2G 時代多數專利在歐洲 Nokia、Ericsson 之手，3G 則以美國 Qualcomm 為主佔，到了 4G 有許多日本 NTT、南韓 LG、Samsung 也積極佈局，並有若干中國業者進來，美國已相形弱勢。

到了 5G 時代，Huawei 已成為 5G 不可或缺（或稱難以繞開）專利的最大佈局商，其後才是過往的歐、日、韓主要業者，美國危機感加重，並對中國 5G 設備提出各項質疑，而後也導致與美國親近的國家（英國、加拿大等）承諾不再採購中國基地台，已購的設備也宣告時間內卸除，改非中國的設備進行替換。

- **地緣政治從 5G 升級到 6G**

5G 如此，但緊張態勢尚未解除，6G 的不可或缺專利佈局上，依然是中方第一，然而美方也加緊追趕，目前居第二位，倘若美中之間的角力持續，則會限制各國在地電信營運商選擇設備的權利，從而影響 6G 普及速度。

特別是中方設備通常以平易價格為銷售策略，若必須採買非平價設備，普及速度也會減慢，或雖允許使用中方設備但需要許多配套查核，一樣會增加成本，不利於 6G 普及。

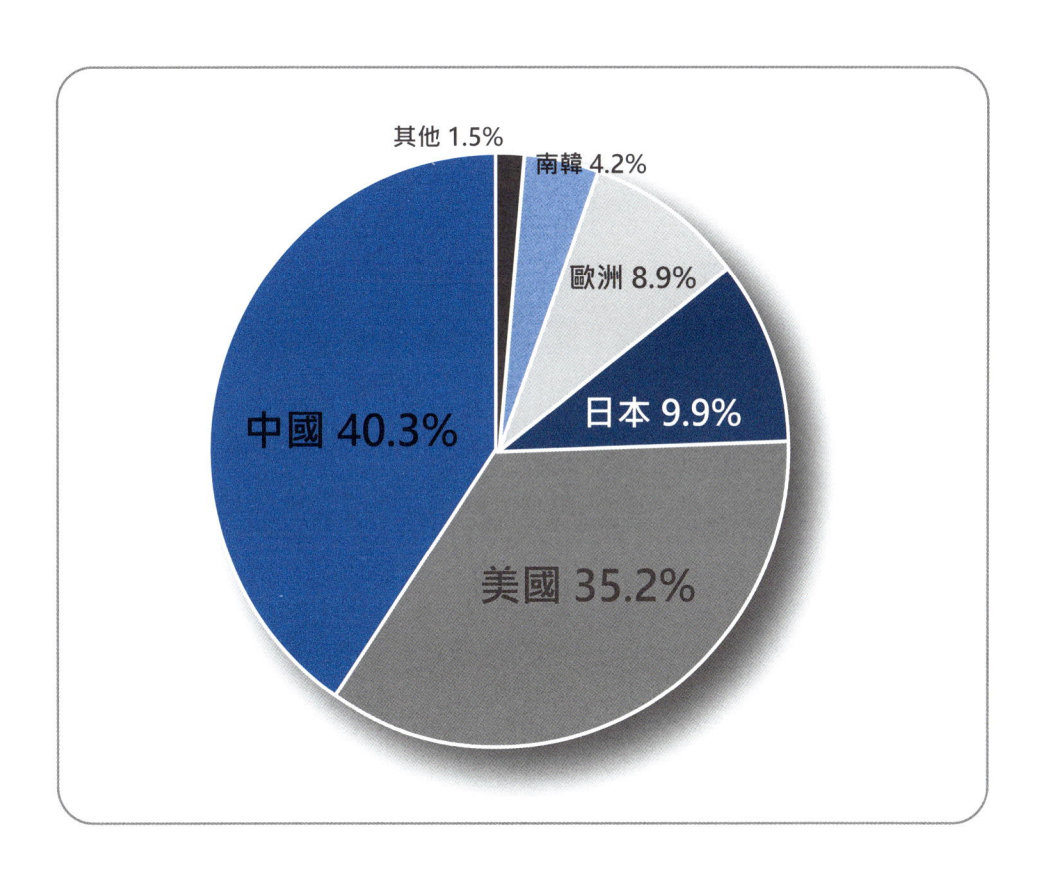

其他 1.5%
南韓 4.2%
歐洲 8.9%
日本 9.9%
美國 35.2%
中國 40.3%

2021 年 7 月各國家、區域在 6G 相關專利的佈局佔比

資料來源：Cyber Creative Institute vis Nikkei Asia

CHAPTER 6

94 資安、隱私威脅

美國質疑中方設備可能有國安問題，但其他相關安全議題近年來也甚囂塵上，例如歐盟通過一般資料保護規則（General Data Protection Regulation, GDPR），凡收集到歐盟公民的個人資料（簡稱個資）的業者，若未經知會跨境傳輸個資，將處以罰款該業者去年全年全球營收的 2% 或 2,000 萬歐元，兩者取其高。

另外是層出不窮的駭客（hacker）資安攻擊（cyber attack），過去駭客只懂一般電腦與資訊網路，不懂手機與電信網路，但隨著智慧手機日益像電腦，5G 開始核網設備也從專屬設計改成用開放性標準電腦搭配軟體來實現，如此成為駭客熟悉的環境與裝置，入侵更為容易，5G 如此，6G 亦然。

• 5G 未解，6G 將更危險

事實上許多資通訊技術都是先講究功能實現，事後才考慮安全防護等配套，兩者間經常有時間落差，例如 2018 年第二季 5G 標準定案，隔年 5 月才有相關的資安防護提案，即布拉格提案（The Prague Proposals）。

也因為美國擔憂中方 5G 設備可能有國安疑慮，故 2019 年美國提出 5G 乾淨網路（Clean Network）政策方針，要求 5G 上游至下游產業鏈均能確保「乾淨」，不可有來源不明、不受信任的構成，這不僅對電信營運商要求，也包含手機上的 App（Application，在此指安裝在手機內的應用程式）、App 商店、支援 App 的雲端環境、系統及相關路徑。由於 6G 有更大的覆蓋夢想，因此其資安防護顧慮也更大，進而影響其普及。

#	面向主體	威脅場景
1	・運作協奏（Orchestration） ・智慧化網路管理（Intelligence Network Management）	・開放應用程式介面（API）的防護威脅 ・人工智慧／機器學習（AI/ML）攻擊 ・閉路網路（closed-loop network）自動化的防護威脅
2	・邊緣智慧（Edge Intelligence） ・雲端化（Cloudification）	・資料隱私（privacy）威脅 ・人工智慧／機器學習（AI/ML）攻擊 ・雲端防護威脅 ・邊緣防護威脅
3	・特定次網路（Specialized subnetworks）	・違規行為（violations） ・人工智慧／機器學習（AI/ML）攻擊 ・實體層（physical layer）防護威脅
4	・射頻存取網路核心覆蓋（RAN Core Convergence） ・智慧化射頻（Intelligence Radio）	・智慧化射頻（Intelligence Radio） ・實體層（physical layer）防護威脅
5	・裝置 ・終端用戶	・使用者隱私威脅 ・對裝置發起分散式阻絕服務（DDoS）攻擊

6G 資安防護將面臨的威脅場景

資料來源：Pawani Porambage、Gürkan Gür 等人，2021 年 5 月

CHAPTER 6

能耗、碳排顧慮

　　既然行動通訊日益先進，傳輸率越來越高，傳輸延遲越來越低，各方面都持續強化，那必然的是行動通訊的系統建置、營運等也更為耗電，耗電的一體兩面即是減碳議題，使用的電量越大，碳排減量的壓力也就越大。目前國內三大行動通訊商（中華電信、台灣大哥大、遠傳電信）每年都發佈永續報告書，揭露自己的年碳排量，其中基地台、核網等設施佔據七成用電。

　　由於 5G 基地台使用更高的頻段，其信號的指向性強、傳輸距離短（意味著覆蓋面積小），導致要達到與過往相同的覆蓋面積需要佈建更多座基地台，以及針對一些覆蓋死角額外增設基地台。

・問題未解且可能更嚴峻

　　關於耗電議題自 2020 年即開始有報導，報導指出 5G 基地台的耗電是 4G 的 3 至 4 倍，若論整體設施與服務營運用電更可能高達 9 至 16 倍，對此各界已開始呼籲節電，如要求基地台分時段輪流休眠，即便如此只是緩解問題嚴重性，而非根治。

　　5G 如此，更後續的 6G 則更難想像其電力來源，前述的各種新功能、新應用、新應用場景與願景，都沒有提出對應的電力來源方案，也沒有提及相應的節電機制，至多談及能源收割技術，然此亦只是解決最末端物聯網裝置的能耗問題，更多智慧裝置、基地台、核網設施等節電仍未見明顯解方。

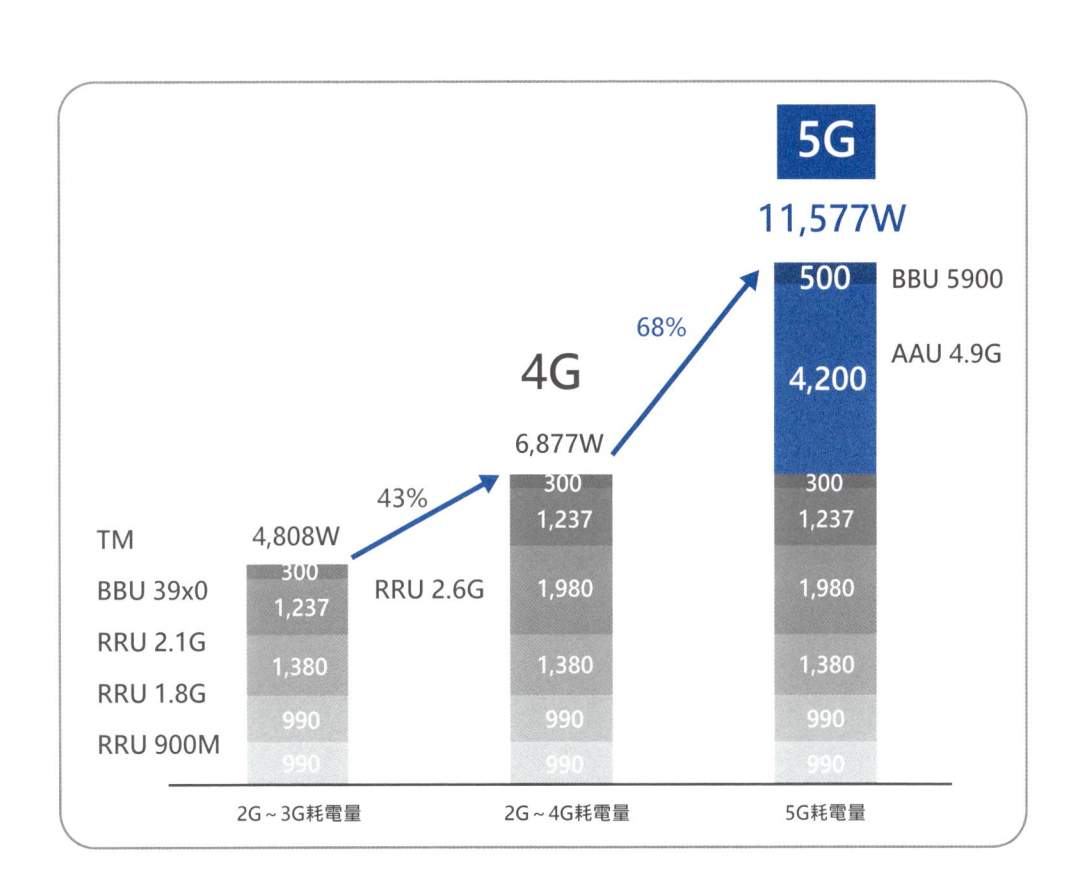

行動通訊每提升一代，站點的耗電量均明顯增加

資料來源：華為（Huawei）5G 功耗白皮書

CHAPTER 6

96 邊際效用遞減、新客群經營

　　邊際效用遞減（The Law of Diminishing Marginal Utility）一詞來自經濟學，意思是效果逐漸鈍化，第一次泡溫泉覺得很棒，第二次也不錯，第三次就覺得普普，更之後就一般般了。行動通訊服務與此類似，2G 變成 3G 很讓人激賞，因為手機上網速度明顯變快了，3G 換成 4G 也覺得不錯，線上即時觀看影片的卡頓情況減少，網頁呈現更即時了。

　　但是 4G 到 5G，確實可以更快速，但對一些人而言 4G 的速度已經足夠，不一定要升級到 5G，升級的誘因降低了。如果未來電信服務商再次鼓吹一般大眾升級至 6G，標榜的依然是更快速，估計買單者將更少，這是 6G 未來推行的一大隱憂。

- **換客群經營可能難如登天**

　　事實上從第一章的技術演進說明即可了解，打從 3G 技術的後期階段，就已經朝 IoT 物聯網領域發展，終端用戶不再是個人、家戶，而是企業或機構，至 4G 朝產業應用領域發展的企圖心更明顯，家戶使用者的需求仍會持續滿足，至於 5G、6G 一樣是更多心力在企業用戶。

　　然而難就難在此，過往電信營運商很懂得用行銷手法網羅大眾用戶，但相同手法在經營新客群（企業、產業、機構）上明顯不管用，必須有更多工程特性表現實證、物理實證，甚至用戶要透過理性的多年均攤折舊財務試算後才可能決議買單，這是 5G 價值普及必然要面對的課題，6G 亦然。

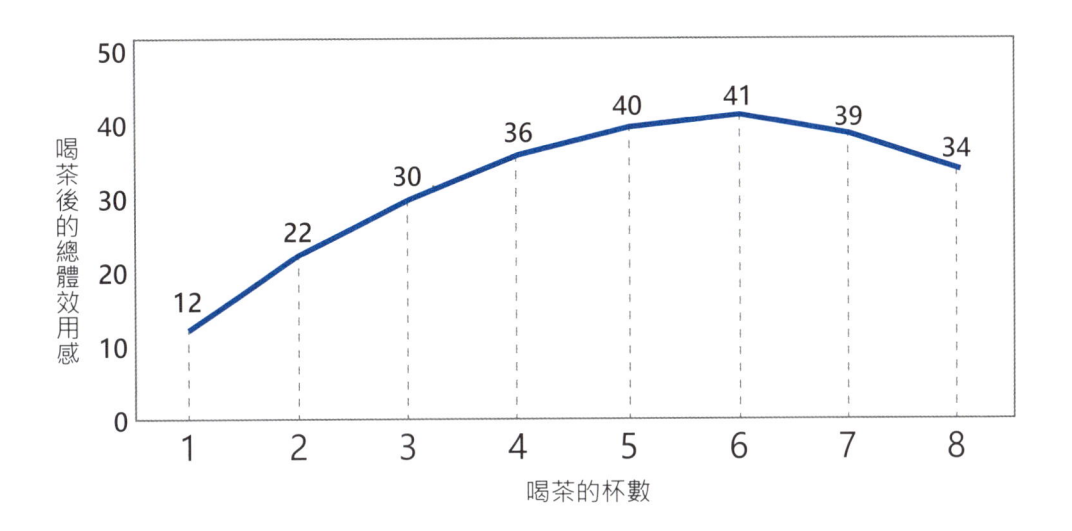

邊際效用遞減示意圖，喝第一杯茶得分 12 分，第二杯只再增加 10 分，而後增效逐漸減少，甚至到第七、第八杯還產生反效果

資料來源：EDUCARE

CHAPTER 6

97 其他無線通訊技術的反撲

5G、6G 普及不僅僅是邊際效用遞減、新客群經營等議題，5G、6G 服務覆蓋面積的擴增，也意味著會取代原有覆蓋面積內的其他無線通訊技術，例如 Wi-Fi 無線區域網路，在家裡用手機上網既可以用家裡的 Wi-Fi 也可以用 3G、4G，若家裡沒有其他成員有需要即有可能停用 Wi-Fi，完全只用 3G、4G。

其他領域也類似，若改用 4G、5G 的家戶自動抄錶，則有可能取代更先前的無線抄錶通訊技術，如 Zigbee；而 5G、6G 也逐漸運用衛星通訊傳遞，現行已有的專屬衛星電話技術與服務亦可能被取代；其他也包含室內定位會用及的超寬頻通訊（Ultrawide-Band, UWB）技術也可能在取代之列；V2X 車聯網也是。

・覆蓋面積重疊，相互競爭加劇

5G、6G 的偉大宏圖是公開的，也不可能蓋住，現行其他無線技術陣營看在眼裡不會坐以待斃，因此陣營的反撲就成了 5G、6G 要面臨的挑戰。

舉例而言，6G 將提供物品定位技術，現行 Wi-Fi、藍牙（Bluetooth）、超寬頻等無線技術陣營則更早投入定位應用發展，一旦 6G 將進入此領域現有陣營有多種方式因應，如加快精進其技術表現，使 6G 剛推出的定位技術表現相形見絀，始終打不開市場。

或者相近技術下現有陣營大降價，如此用戶也不會選擇 6G 方案，事實上過往 4G、LTE 即採類似方式對抗 WiMAX（Worldwide Interoperability for Microwave Access），WiMAX 此後走入歷史，故難保歷史不會重演。

與 4G/LTE 技術定位相近的 WiMAX 技術已不可見，圖為典型 WiMAX 基地台上端的天線

圖片來源：Wikimedia Commons, Stalinas

樣樣通、樣樣鬆

看了標題各位就已經知道意思，6G 訴求包山包海，在幾乎全球面積覆蓋的前提下，自然各種應用都有機會涉獵，應用想像空間巨大。但應當從哪一個領域優先發展？物聯網、車聯網？數位雙生？沒有人說得準，一直以來殺手（主流大宗）應用經常百猜不中，遲遲不現身，或無心插柳柳成蔭。

就如同大眾常有的生活經驗，面對賣架上一堆吸塵器，各種外型、各種功能都有，就是不知從何選起，即選擇困難、選擇無力。6G 發展也類似，整個產業陣營能量巨大但依然有其限度，各方各面都發展，車聯網也來一點，物聯網也來一點，腦機介面也來一點，都無法有足夠的發展能量，最後都無法成氣候。

・Zigbee 即是一例

「樣樣通、樣樣鬆」並非沒有前例，Zigbee 是個接近的例子，例如希望將其用於家庭自動化，取代一般常見的家電紅外線遙控器；也希望與藍芽一樣，能夠用於無線鍵盤、滑鼠產品上；或者用在智慧建築應用、智慧照明；或也用於公用事業的抄錶上。

然而很明顯的，至今仍難見採用 Zigbee 技術的無線鍵盤、無線滑鼠，同時多數的家電遙控器也還是傳統紅外線，或許 Zigbee 在其他領域有所斬獲，但絕非所有領域都有出色斬獲。由此可知 6G 也有可能因為初期的發展選擇困難、選擇無力，耽誤發展進度。

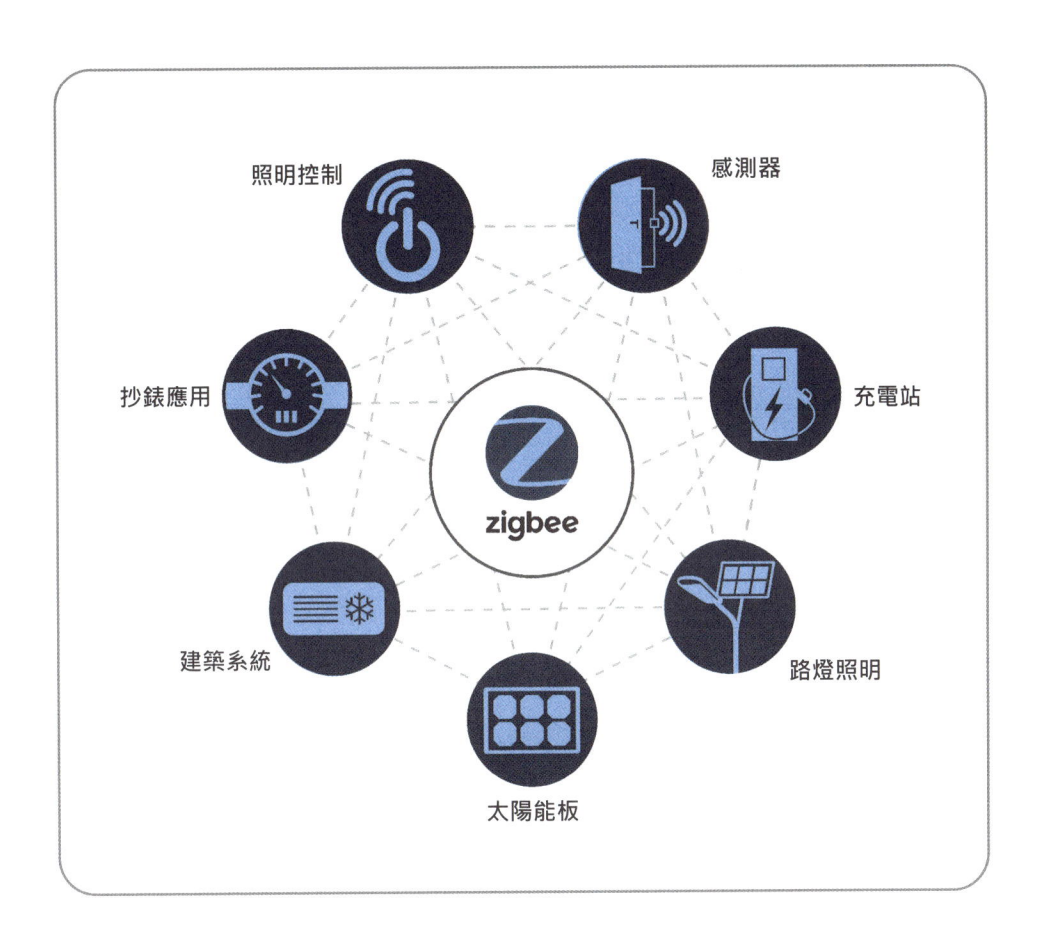

過往 Zigbee 曾同時訴求多個面向的應用，如建築系統、太陽能板、照明、充電站、感測器、抄錶等，但並非各領域均有出色斬獲

圖片來源：Microchip

CHAPTER 6

過度期許、過度失落

過往以來有太多資通訊技術以「明日之星」氣勢登場但最終虎頭蛇尾，例如消費性的超寬頻（UWB）技術曾在 2004 年、2005 年時被寄予厚望，但因為技術陣營間的角力最終未有任何一方勝出，此後僅在產業領域少數運用，在消沉約 10 年後方由蘋果（Apple）於 2019 年再次啟用，嘗試再次用於大眾消費領域。

或者，近年來相當熱門的人工智慧（Artificial Intelligence, AI）技術也並非第一次受萬眾矚目，早於上世紀 50 年代、80 年代各流行過一波，此後也面臨乏人問津的寒冬（AI Winter，或稱冬期、低谷）。此外也有許多技術從未成功，如數位廣播技術（Digital Audio Broadcasting, DAB），有了 Internet/3G 後，沒太大必要再去架設數位廣播地面站。

• 3GPP 亦已有諸多落空技術

不僅是超頻寬、數位廣播，即便是 3GPP 陣營自身的技術標準也並非次次成功，如第一章所提及的，GRPS 之後的 EDGE 並非各地均普遍採用，或者 MBMS 長期不受用，LTE Direct 也未普及運用等。

由此可知，若現階段就對 5G、6G 抱持大期許，未來有可能是大落空。部份技術標準尚可透過持續的增訂修訂而更貼近務實需要，逐漸獲得開展機會，如 IoT 物聯網相關應用標準，但也有些技術標準就處於長期停擺、無人問津的狀況。

如同知名科技產業調查研究機構 Gartner 常主張的 Hype Cycle，技術初期總是過熱，之後冷淡冷卻，而後方可能務實開展。

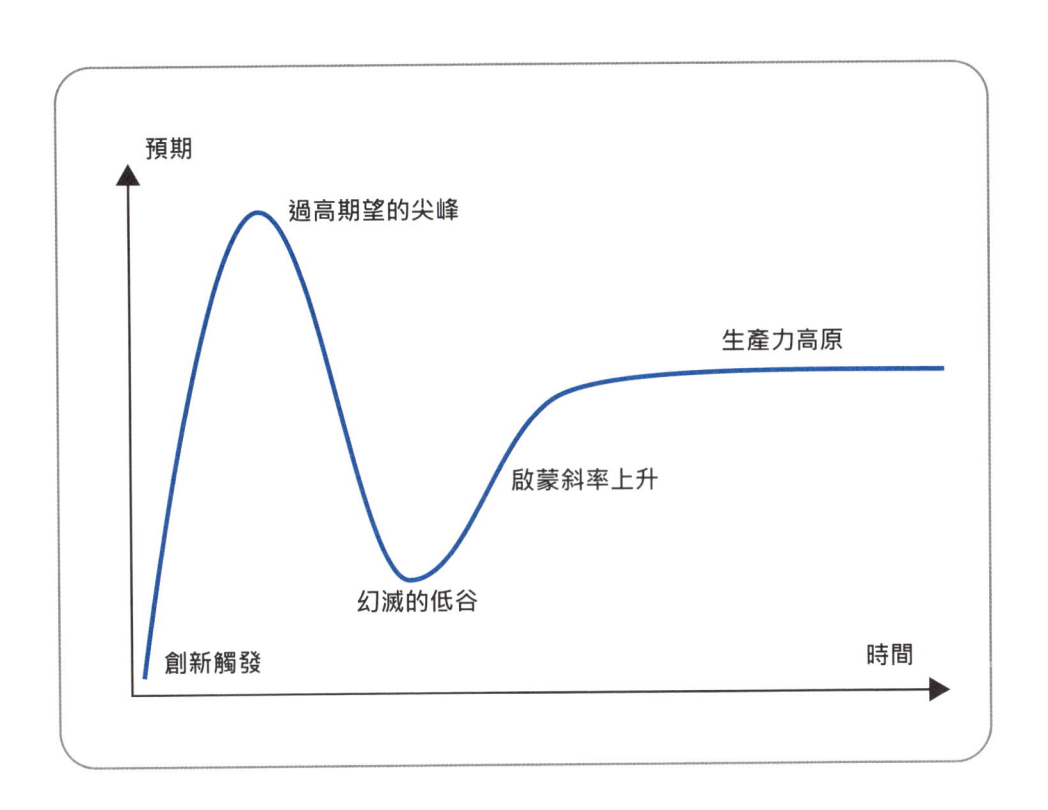

Gartner 主張技術推進發展的五個階段

圖片來源：PETER H. DIAMANDIS

CHAPTER 6

更多的隱憂、挑戰

100

　　5G、6G 的隱憂與挑戰並不僅止於前述的項目，持續往下列舉仍能有一大籮筐，例如在工程特性、物理特性外也有架構性的挑戰，畢竟與過往相比 5G、6G 的後端建設遠遠比過去複雜，導致系統的營運管理將空前艱難，若沒有嚴謹的規劃與細心維護，將難以達到與過往相同的服務可用性（availability）與韌性（resilience，或譯為彈性）。

　　所謂可用性即「想用時就能用」，有時想去理髮到了才發現該店今日公休；或到餐廳點餐服務生說這套菜今天已賣完；或瀏覽網站發現根本關站停擺等，均是不可用。多年來行動通訊一直是高可用狀態，但後端架構日益複雜將難以保證，此也可能成為日後發展 5G、6G 的隱憂。簡言之，前端服務越完美，背後維運可能越艱辛。

- **技術、架構、社會三面挑戰**

　　事實上日本知名行動通訊營運商 SoftBank 就曾有公開專文表示 6G 將面臨 12 種挑戰，許多挑戰已與本章前述呼應，如高空平台的長期滯空挑戰、裝置能源永續外部取得的挑戰等，這些屬於技術性挑戰；至於減碳則屬於社會性挑戰；而如前述架構性挑戰也是不可忽視的一環。

　　特別是 5G、6G 將逐步引入 AI 技術，AI 既會是架構挑戰也會是社會性挑戰，因為各國政府日漸要求 AI 運用須具可解釋性、可問責性，以及必須合乎 AI 倫理等，此同樣是一大挑戰。

技術性

頻率擴展、區域擴展、射頻波擴展

社會性

資安、淨零、韌性、頻譜使用

架構性

人工智慧、服務水準協議、服務高覆蓋性

日本行動通訊服務營運商 SoftBank 認為 6G 面臨的 12 項挑戰，概括而言有 3 大面向

繪製：作者

台灣廣廈 國際出版集團
Taiwan Mansion International Group

國家圖書館出版品預行編目（CIP）資料

100張圖搞懂5G/6G產業鏈：「技術、運用、廠商」，全面解析。／江達威 著，
-- 初版. -- 新北市：財經傳訊, 2025.01
　　面；　　公分. --（through;29）
ISBN 978-626-7197-71-4（平裝）

1.CST: 無線電通訊業　2.CST: 技術發展　3.CST: 產業發展

484.6　　　　　　　　　　　　　　　　　　　　　113009968

財經傳訊
TIME & MONEY

100張圖搞懂5G/6G產業鏈：
「技術、運用、廠商」，全面解析。

作　　　者／江達威	編輯中心／第五編輯室
	編 輯 長／方宗廉
	責任編輯／謝家柔
	封面設計／何偉凱
	製版・印刷・裝訂／東豪・弼聖・秉成

行企研發中心總監／陳冠蒨	線上學習中心總監／陳冠蒨
媒體公關組／陳柔彣	數位營運組／顏佑婷
綜合業務組／何欣穎	企製開發組／江季珊、張哲剛

發 行 人／江媛珍
法 律 顧 問／第一國際法律事務所 余淑杏律師・北辰著作權事務所 蕭雄淋律師
出　　　版／台灣廣廈有聲圖書有限公司
　　　　　　地址：新北市235中和區中山路二段359巷7號2樓
　　　　　　電話：（886）2-2225-5777・傳真：（886）2-2225-8052

代理印務・全球總經銷／知遠文化事業有限公司
　　　　　　　　　　　地址：新北市222深坑區北深路三段155巷25號5樓
　　　　　　　　　　　電話：（886）2-2664-8800・傳真：（886）2-2664-8801
郵 政 劃 撥／劃撥帳號：18836722
　　　　　　劃撥戶名：知遠文化事業有限公司（※ 單次購書金額未達1000元，請另付70元郵資。）

■出版日期：2025年01月
ISBN：978-626-7197-71-4　　　　版權所有，未經同意不得重製、轉載、翻印。